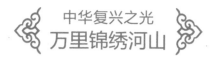

中华复兴之光
万里锦绣河山

独特自然遗产

冯 欢 主编

U0253044

汕头大学出版社

图书在版编目（CIP）数据

独特自然遗产 / 冯欢主编. -- 汕头：汕头大学出版社，2016.1（2023.8重印）

（万里锦绣河山）

ISBN 978-7-5658-2375-6

Ⅰ. ①独… Ⅱ. ①冯… Ⅲ. ①自然保护区－介绍－中国 Ⅳ. ①S759.992

中国版本图书馆CIP数据核字（2016）第015658号

独特自然遗产　　　　　　　　　DUTE ZIRAN YICHAN

主　　编：冯　欢
责任编辑：汪艳蕾
责任技编：黄东生
封面设计：大华文苑
出版发行：汕头大学出版社
　　　　　广东省汕头市大学路243号汕头大学校园内　邮政编码：515063
电　　话：0754-82904613
印　　刷：三河市嵩川印刷有限公司
开　　本：690mm×960mm　1/16
印　　张：8
字　　数：98千字
版　　次：2016年1月第1版
印　　次：2023年8月第4次印刷
定　　价：39.80元
ISBN 978-7-5658-2375-6

前　言

　　党的十八大报告指出：“把生态文明建设放在突出地位，融入经济建设、政治建设、文化建设、社会建设各方面和全过程，努力建设美丽中国，实现中华民族永续发展。”

　　可见，美丽中国，是环境之美、时代之美、生活之美、社会之美、百姓之美的总和。生态文明与美丽中国紧密相连，建设美丽中国，其核心就是要按照生态文明要求，通过生态、经济、政治、文化以及社会建设，实现生态良好、经济繁荣、政治和谐以及人民幸福。

　　悠久的中华文明历史，从来就蕴含着深刻的发展智慧，其中一个重要特征就是强调人与自然的和谐统一，就是把我们人类看作自然世界的和谐组成部分。在新的时期，我们提出尊重自然、顺应自然、保护自然，这是对中华文明的大力弘扬，我们要用勤劳智慧的双手建设美丽中国，实现我们民族永续发展的中国梦想。

　　因此，美丽中国不仅表现在江山如此多娇方面，更表现在丰富的大美文化内涵方面。中华大地孕育了中华文化，中华文化是中华大地之魂，二者完美地结合，铸就了真正的美丽中国。中华文化源远流长，滚滚黄河、滔滔长江，是最直接的源头。这两大文化浪涛经过千百年冲刷洗礼和不断交流、融合以及沉淀，最终形成了求同存异、兼收并蓄的最辉煌最灿烂的中华文明。

五千年来，薪火相传，一脉相承，伟大的中华文化是世界上唯一绵延不绝而从没中断的古老文化，并始终充满了生机与活力，其根本的原因在于具有强大的包容性和广博性，并充分展现了顽强的生命力和神奇的文化奇观。中华文化的力量，已经深深熔铸到我们的生命力、创造力和凝聚力中，是我们民族的基因。中华民族的精神，也已深深植根于绵延数千年的优秀文化传统之中，是我们的根和魂。

中国文化博大精深，是中华各族人民五千年来创造、传承下来的物质文明和精神文明的总和，其内容包罗万象，浩若星汉，具有很强文化纵深，蕴含丰富宝藏。传承和弘扬优秀民族文化传统，保护民族文化遗产，建设更加优秀的新的中华文化，这是建设美丽中国的根本。

总之，要建设美丽的中国，实现中华文化伟大复兴，首先要站在传统文化前沿，薪火相传，一脉相承，宏扬和发展五千年来优秀的、光明的、先进的、科学的、文明的和自豪的文化，融合古今中外一切文化精华，构建具有中国特色的现代民族文化，向世界和未来展示中华民族的文化力量、文化价值与文化风采，让美丽中国更加辉煌出彩。

为此，在有关部门和专家指导下，我们收集整理了大量古今资料和最新研究成果，特别编撰了本套大型丛书。主要包括万里锦绣河山、悠久文明历史、独特地域风采、深厚建筑古蕴、名胜古迹奇观、珍贵物宝天华、博大精深汉语、千秋辉煌美术、绝美歌舞戏剧、淳朴民风习俗等，充分显示了美丽中国的中华民族厚重文化底蕴和强大民族凝聚力，具有极强系统性、广博性和规模性。

本套丛书唯美展现，美不胜收，语言通俗，图文并茂，形象直观，古风古雅，具有很强可读性、欣赏性和知识性，能够让广大读者全面感受到美丽中国丰富内涵的方方面面，能够增强民族自尊心和文化自豪感，并能很好继承和弘扬中华文化，创造未来中国特色的先进民族文化，引领中华民族走向伟大复兴，实现建设美丽中国的伟大梦想。

目录

湖南武陵源

四川九寨沟

　　九寨沟位于四川省阿坝藏族羌族自治州境内，是白水沟上游白河的支沟，因为有9个藏族村寨而得名。

　　九寨沟景区长约6千米，面积6万多公顷，有长海、剑岩、诺日朗、树正、扎如、黑海六大景观，以水景最为奇丽。

　　"九寨归来不看水"，水是九寨沟的精灵。泉、瀑、河、滩将108个海子连缀一体，碧蓝澄澈，千颜万色，多姿多彩，异常洁净，有"童话世界"之誉。

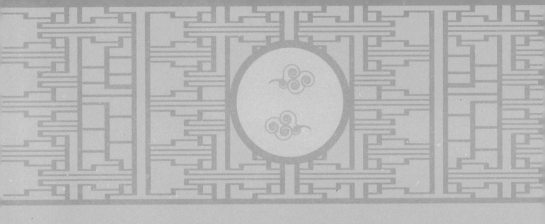

传说九个姑娘分别住的村寨

　　关于九寨沟的起源有很多传说。其中，九仙女伏灭蛇魔扎的传说，最为当地人津津乐道。

　　相传古时候，在九寨沟这个地方，有一位大山神，名叫比央朵明热巴，主管草木万物。大山神有 9 个女儿，个个美貌贤惠，勤劳善良。

　　女儿们一天天长大，大山神显得越来越忧愁。他在水晶般大岩石中，建造了秀丽舒适的楼阁庭院，将女儿们锁在里面，不让她们外出。

　　日子久了，姑娘们感到非常寂寞，她们非常渴望到水晶房外面去游玩。姑娘们深知父亲不会允许，在左右为难之下，她们思来想去，决定变成彩蝶或蜜蜂，随父亲走出大山，看

看外面的世界。

不久，大姐依计而行，暗中学会了父亲开关山门的方法。

这一天，趁父亲外出，大姐领着众妹妹化为彩蝶到外面游玩去了。正午时候，姑娘们来到十二山峰上，看见地上沟谷纵横，毒烟四起，民不聊生，鸟兽也不能幸免。

稍后，9位姑娘在一处破屋子里见到一位病重的老妈妈，老妈妈劝姑娘赶快离开此地。

原来是有一个叫蛇魔扎的妖魔多年来在这里，说是要吸食10万个生灵的精血，才能得道成仙。因此溪流中，全是妖魔投放的毒物，弄得这里乌烟瘴气。

姑娘们听了这番话，猛然间明白了他们阿爸忧愁的原委，于是便问老妈妈："既然如此，比央朵明热巴大神为什么不管呢？"

老妈妈说："他啊，管是管了，但是，每次都败给妖魔啊！"

姑娘们听说后，大惊失色，她们急忙返回家里，聚在屋中共同商

量灭妖的事情。

大姐很聪明，她对妹妹们说："哎呀，我们怎么忘了？阿舅本领高强！阿爸的本事也是他教的，为什么不请他灭妖呢？"

姐妹们恍然大悟，主意定下后，接下来她们又愁开了。因为，她们不知阿舅住在哪里。

不久，大姐从阿爸房中取出图纸，得知阿舅住在西方。于是，大姐和众姐妹化为9条飞龙，出了水晶屋，直往西天而去。一路上，她们经历千难万险，终于到了一处烟波浩渺的洞府门前。

姑娘们正在犹豫如何进洞的时候，只见半空一团祥云飘来，她们仔细一看，祥云里有个天神模样的人，正是姑娘们的舅舅，他是金刚降魔神雍忠萨玛。

舅舅见了姑娘们，明白了事情的原委，于是，他取出玉石绣花针筒一个和绿色宝石一串递给姑娘们。

他说："这针筒是你们阿妈炼成的万宝金针，遇见蛇魔扎，只要把金针筒对着妖魔，叫声你们阿妈的名字，万根金针就会刺破妖魔的眼珠和心脏；如果还不行，你们再连叫三声我的名字，我就会来协助你们。妖魔死后，你们将这绿宝石串珠撒在十二山峰之间，那里就会恢复生机。"

　　姑娘们记牢舅舅的话，回到十二山峰脚下来战蛇魔扎，不料，蛇魔扎果然法力了得，挣扎中将地上的污水卷起滔天巨浪，冲毁了许多田地和房舍。

　　姑娘们见此情景，急忙呼唤舅舅名字。突然，天空一声霹雳，就见一面闪烁着金光的大镜子插在洪水里面，洪水立即消失，而蛇魔扎的头则血淋淋地挂在宝镜前。

　　姑娘们便急忙跪下拜谢舅舅。正在这时候，比央朵明热巴急得浑身是汗跑来相助，他飞到十二山峰下一看，见恶魔已经死了，顿时明白了大半，一时间大喜过望，连夸女儿们能干。

　　随后，姑娘们将绿宝石全都撒在十二山峰下。霎时，十二山峰变得山清水秀，林木苍翠。宝石落地砸出的坑成了海子，线则成了溪流瀑布。后来，9个姑娘分别嫁给了9个强壮的藏族青年，他们分别住在9个藏族村寨里。于是，后人便称这个地方为九寨沟。

　　九寨沟位于四川省阿坝藏族羌族自治州九寨沟县境内，东临甘肃省文县，北部与甘肃省舟曲、迭部两县连接，西接四川省若尔盖县，南部同四川省平武、松潘接壤。

　　九寨沟是九寨沟县境内白水沟上游白河的支沟。独特的地理条件，造就了它独一无二的自然景观。

　　这里原始森林覆盖率达65%以上，生态环境奇特，自然资源极为丰富。沟内分布着108个湖泊，更有雪峰、叠瀑、翠湖和彩林等世界奇观，因此素有"童话世界""人间天堂"的美誉。

　　九寨沟属于四川盆地向青藏高原过渡的边缘地带，属松潘、甘孜地槽区，恰好是我国第二级地貌阶梯的坎前部分，在地貌形态变化最大的裂点线上。地势南高北低，有高山、峡谷、湖泊、瀑布、溪流、山间平原等多种形态。

　　九寨沟地貌属高山狭谷类型，山峰的海拔高度大多在3.5千米至4.5千米之间，最高峰嘎尔纳峰海拔约4.8千米，最低点羊峒海拔2千米。整个区内沟壑纵横，重峦叠嶂。

　　翠湖、叠瀑的形成，是由于地壳变化、冰川运动、岩溶地貌和钙华加积等多种因素造就的。

在距今 4 亿年前的古生代，九寨沟还是一片汪洋，由于喜马拉雅造山运动的影响，地壳发生了急剧的变化，山体在快速的不均衡隆起的过程中，经冰川和流水的侵蚀，形成了角峰突起、谷深岭高的地貌形态。

另外，由于地震等因素引起的岩壁崩塌滑落，泥石流堆积，石灰溶蚀和钙华加积等多种地质作用，导致了沟谷群湖的产生，叠瀑越堤飞出。因此，九寨沟景观的雏形早在两三百万年以前就已经形成。

九寨沟的喀斯特地貌是造就悬壁、形成瀑布的先决条件。在台式断裂的抬升面上，堆积了泥石流等堆积物，后经喀斯特作用，钙华加积，增加了瀑布高度，形成了今天壮观的诺日朗瀑布。

30 多米高的悬崖上，湍急的流水陡然跌落，气势雄伟。较发达的冰川地貌和岩溶地貌为九寨沟的风光奠定了地形地貌的基础。

九寨沟的山水形成于第四纪古冰川时期。随着冰川期气候的到来，高山上发育了冰川，山谷冰川又伸展到了海拔 2.8 千米的谷底，留下了

多道终碛、侧碛，形成堤埂，阻塞流水而形成了堰塞湖。长海就是形成的堰塞湖。

至今，这里仍保存着第四纪古冰川的遗迹，冰斗、冰谷十分典型，悬谷、槽谷独具风韵。

钙华指的是湖泊、河流或泉水所形成的以碳酸钙为主的沉积物。九寨沟的钙华有着自身的特点。由于流水、生物喀斯特等综合作用，以钙华附着沉积形成了池海堤垣。

随着时间的推移，钙华层层堆高，垂直河流的方向形成了大小不等的钙华堤坝，堵塞水流形成了湖泊或阶梯状的海子群。水流的外溢下泻，又形成了高大的瀑布或低矮的跌水，加上一些水生植物如苔藓及藻类的繁衍，不少湖泊就变得五彩缤纷，造就了九寨沟多姿多彩的独特景观。

知识点滴

很久以前，色尔古藏寨的土司有一个聪明漂亮的女儿名字叫作格桑美朵，格桑美朵是寨中所有男子的梦中情人。最后，格桑美朵爱上了英俊、勇敢的桑吉土司。

格桑美朵和桑吉结婚不久，寨子里就发生了一场特别可怕的瘟疫，桑吉土司为了拯救全寨子的百姓决定去寻找千年"雪莲花"。

美丽善良的妻子格桑美朵决定和丈夫一起去带回雪莲花拯救全寨百姓。经过一年多的艰苦跋涉，终于如愿以偿，找到了千年"雪莲花"，并带回到寨子里治好了百姓的病。

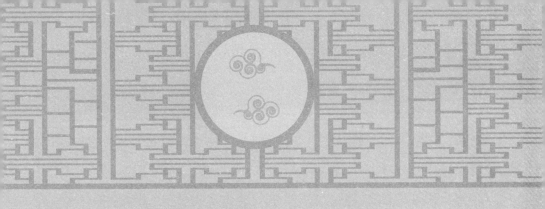

丰富的动植物资源

　　九寨沟的动植物以及独特的地理环境，构成了一幅令人称奇的自然景观。九寨沟山地切割较深，高差悬殊，植物垂直带谱明显，植被类型多样，植物区系成分十分丰富。九寨沟的森林有近2万公顷，密布在2千米至4千米的高山上。主要树种有红松、云杉、冷杉、赤桦、

领春木和连香树等。

区内有高等植物 2576 种，其中国家保护植物 24 种；低等植物 400 余种，其中藻类植物 212 种，而且有 40 种植物属四川省首次发现的特别物种，为九寨沟独有。

九寨沟莽莽的林海，随着季节的变化，也会呈现出瑰丽的色彩变化。初春的山间丛林，红、黄、紫、白、蓝各种颜色的杜鹃花点缀其间，山桃花、野梨花也都争相吐艳，夹杂着嫩绿的树木新叶，使整个林海繁花似锦。

盛夏是绿色的海洋，新绿、翠绿、浓绿、黛绿，绿得那样丰富，显现出旺盛的生命力。

深秋，深橙色黄栌，浅黄色椴叶，绛红色枫叶，殷红色的野果，深浅相间，错落有致，真可谓万山红遍，层林尽染。在暖色调的衬托下，蓝天、白云、雪峰和彩林倒映于湖中，呈现出光怪陆离的水景。

　　入冬，白雪皑皑，冰幔晶莹洁白，莽莽林海，似玉树琼花。此时银装素裹的九寨沟显得洁白、高雅，像是置放在白色瓷盘中的蓝宝石，更加璀璨夺目。

　　九寨沟的枫树属落叶乔木，树身伟岸。春季，花叶同放，花朵呈别致的金绿色；秋天，树叶骤然变红，红得鲜艳蓬勃，多长于山麓河谷，是美化环境、点染秋色的理想树种。

　　九寨沟的椴树属落叶乔木，喜光，生长速度快，秋天叶片变成了浅黄色，像太阳洒下的金色光点。椴树木质优良，纹理细致，是建筑和制作家具的优质材质，并可作为庭园树和蜜源树。

　　九寨沟的白皮云杉属常绿乔木，高达 25 米，胸径 0.5 米。数量少，零星生长在海拔 2.6 千米至 3.7 千米的地带。白皮云杉属于国家重点保护植物，为我国四川省特产树种。木材较轻，结构细致、材质坚韧，是优良的建筑和纤维工业用材。

这里的麦吊杉属常绿乔木，树冠尖塔形，大枝平展，侧枝细而下垂。生长在海拔2千米至2.8千米的地带，是亚高山针叶林的主要群种之一，也是良好的工业用材。

麦吊杉也属国家重点保护植物，为我国特有树种。木材坚韧、纹理细密，是飞机、车辆、乐器、建筑和家具等工业的优良用材。在九寨沟分布区内，可作为森林更新和荒山造林的主要树种。

九寨沟的红豆杉属植物常绿乔木，最高可达20米，胸径0.1米至0.5米，最大可达0.8米。生长在海拔1.6千米至2.4千米地带的常绿阔叶林、常绿与落叶阔叶混交林和针阔混交林下，多为小乔木或灌木状。

红豆杉为我国特有树种。木材纹理直，结构细密，坚实耐腐，为水利工程的优良用材。红豆杉种子含油百分之六十以上，可供制皂及炼制润滑油，并有驱蛔和消食的作用。红豆杉树形美观，还可作为庭园的观赏树种。

　　残遗类群的连香树属落叶大乔木，高达 40 米，胸径可达 3 米以上。生长在海拔 1.8 千米至 2.8 千米地带的山地阴坡及沟谷之中。

　　连香树属国家重点保护植物。连香树科仅有一属一种，是分类系统上孤立、形态上特殊的种类，代表了古老的残遗类群，在研究植物区系的演变上有一定的科考价值。连香树是工业产品中重要的香味增强剂，秋季叶片变成金黄色，具有观赏价值。连香树生长快，易繁殖，可作为山地绿化树种。

　　九寨沟山杏属蔷薇科，落叶乔木，阔叶卵形。春天开粉色花朵，初夏结核果，秋天叶片变成紫色。此树耐寒、喜光、抗旱，而且树龄很长，是林海中的寿星之一。

　　九寨沟的黄栌属漆树科，落叶灌木，叶呈卵形，初夏开花，入秋后叶片变成橙色，可作为黄色染料。木材可用来制作各类器具。

　　九寨沟的湖泊星罗棋布于林间沟谷，澄碧透明，水上水下自有草

木装点，即便是枯木沉没水底，仍有水绵、水藻等附生，其中浮于水面的巨树，死而复生，天长日久，又变成了长满新生花草的小岛。水生植物给九寨沟的湖泊、瀑布和溪流增添了奇姿异彩。

九寨沟的水生植物可分为四大类，即水生乔木、灌木、挺水植物和沉水植物。

在树正叠瀑布上，分布着以南坪青杨和高山柳为主的水生乔木、灌木。在诺日朗群海、珍珠滩和盆景滩同样丛生着耐湿喜水的杨、柳，这就形成了九寨沟独特的林水相亲、树生于水中、水流于林间的奇妙景观。

挺水植物主要分布于芦苇海、箭竹海、天鹅海和芳草海的浅水湖区，以芦苇、水灯心、水葱、节节草和莎草组成的挺水植物为主，构成了芳草萋萋、碧水清清的优美景观，并为野鸭、鸳鸯、天鹅和鹭鸟等水禽提供了适宜的生活环境。

沉水植物主要分布在五花海和五彩池。这些沉水植物以轮藻、水韭和水锦为代表，其中包括粗叶泥炭藓、牛角藓等，起初是绿色，成熟后呈橘红色。轮藻常生于水流缓慢的钙质水域。

水锦的藻体则由筒状细胞连接成不分枝的丝状群体，含有一条或多条螺旋形鲜绿色的色素体。透过清澈的湖水看这些沉水植物，十分悦目，就像在观赏一大片艳丽柔美的丝绒织锦。

如果说九寨沟是一颗神奇的宝石花，那么，地衣就是镶嵌在这颗宝石花上的翡翠。九寨沟的地衣按其形态可分为壳状地衣、叶状地衣、枝状地衣和胶质地衣四大类。

九寨沟原始森林分布着厚厚的枝状地衣。涉足林中，仿佛站立在绿茵茵、蓬松松、一尘不染的绒毛地毯上，可以躺下去美美地睡上一觉。

松蔓地衣属地衣门、松蔓科，飞舞的松蔓如柔软的丝绸般常悬挂在高山针叶林的枝干间，长的可达一米以上。有的灰绿色、有的灰白色，这种宛如热带苔藓林的景观，给人以原始和神秘莫测之感。

松蔓还是用途广泛的药材，可从中提取松蔓酸等抗生素，又可用作祛痰剂和治疗溃疡炎肿、头疮、寒热等疾病。

喇叭粉石蕊丛生于林中小灌木上，一眼望去，绿茸茸的，有如绿涛翻腾，殊为美观。

这些形态原始的孑遗植物，都是早在一亿年前的白垩纪就已出现了的古老树种。对于研究植物系统的演化以及植物区系的演变均有一定的科考价值。

领春木属落叶灌木或小乔木，生长在海拔 1.8 千米至 2.4 千米地带的溪边林下或灌木丛中。领春木也属国家重点保护植物。

领春木科仅一属二种，代表了古老的残遗类群，在研究昆栏树目的系统演化和植物区系的演变上有一定的科考价值。领春木早春时节花先于叶开放，十分悦目，可驯化、培植为观赏树种。

独叶草属多年生小草本，生长在海拔 2.5 千米至 3.5 千米地带的冷杉林或杜鹃灌木丛下，常与藓类混生。独叶草属国家重点保护植物。本属仅一种，为我国特有种类，代表了古老的残遗类群。

独叶草全草可供药用，营养叶具开放的二叉分歧脉序，和裸子植物银杏以及某些蕨类植物的脉序很相似，地下茎节部具一个叶迹，这些特点有别于毛茛科的其他属，专家将此属独立为一新科。

通过对独叶草这种原始被子植物的系统研究，可以为研究被子植物的进化提供新的资料。

串果藤属落叶木质藤木，长可达 10 米，生长在海拔 1.6 千米至 2.4 千米地带的常绿阔叶林和常绿与落叶混交林中，喜欢缠绕在高大的乔木上。串果藤为我国特有的一种藤本植物。本属仅一种，代表了古老的残遗类群，对研究植物区系的演变和木通科植物的系统演化具有一定的科考价值。

九寨沟海拔高差大，地形地貌复杂，植被类型丰富，保留有大面积原始生态环境，为不同类型的动物提供了适宜的栖息环境。湖面，野鸭水鸟起落；林中，飞禽走兽云集。九寨沟堪称"动物王国"。

在九寨沟的原始森林中，还栖息着珍贵的大熊猫、白唇鹿、苏门羚、扭角羚、金猫和白牦牛等动物。湖泊中野鸭成群，天鹅、鸳鸯也常来嬉戏。据有关部门的粗略统计，生活在这里的野生动物，已知的就有 300 多种。其中被列为国家重点保护的珍稀动物有 27 种，如大熊猫、牛羚、白唇鹿、黑颈鹤、天鹅、鸳鸯、红腹角雉、雪豹、林麝和水獭等。

大熊猫是地球上幸存的最古老的动物之一，因此有动物活化石之称。目前，世界上的大熊猫仅存于我国少数地区，堪称稀世珍宝。

九寨沟地域的野生大熊猫一般都在则查洼沟和日则沟一带活动，冬天也会下到海拔较低的树正沟和扎如沟等地避寒。人们有时也能在箭竹海、熊猫海等箭竹茂密的地方发现它们的行踪。

九寨沟的金丝猴属灵长目，生性机敏，以

野果为主食，常栖息在云杉冷杉林带。川金丝猴的体型中等，颜面为蓝色，颈侧棕红，披一身金色长毛，背毛长达30厘米以上，鼻孔朝上，因此有"仰鼻猴"的称号，是动物世界中的珍品。九寨沟的川金丝猴是我国特有的品种。

九寨沟牛羚总的形态像牛，体形粗壮，体长约两米，成年雄性可达到两米以上。九寨沟牛羚头大颈粗，四肢短粗，前肢比后腿更壮，蹄子也很大。但身体的某些部位又酷似羊类。

九寨沟的天鹅是春季北飞、冬季南迁的候鸟，飞行能力极强。它们喜欢在湖泊和沼泽地带栖息，主食水生植物，兼食贝类、鱼虾。九寨沟常见的天鹅有大天鹅和小天鹅两种。

九寨沟绿尾虹雉栖息于海拔3千米至4千米的高山草甸灌丛或裸岩之中，是世界著名的珍贵雉鸡之一，因喜食贝母球茎所以又叫贝母鸡，很早以前又由于它有时潜入药农、猎人住地偷食木炭，所以也称火炭鸡。

九寨沟的红腹锦鸡是我国的特有品种，雄鸡头顶有发状冠羽，后披到颈。颈部由长而宽的彩羽构成翎领。翎领羽色从上到下，由金黄过渡至锈红，并杂以翠绿，发情时，翎领竖立如扇。红腹锦鸡在九寨沟随处可见。

九寨沟的鸳鸯也是我国特有物种。它体态玲珑，羽毛绚丽，一对棕色眼睛外围呈黄白双色环，嘴呈棕红色。

九寨沟的胡兀鹫是国家重点保护动物，喜栖息于开阔地区，如草原、高地和石楠荒地等处，被称为草原上的清道夫。

九寨沟的蓝马鸡为我国特有物种，在世界上与大熊猫、金丝猴一样珍稀，备受人们青睐。

九寨沟的强碱性水质极不适宜普通鱼类生存，在九寨沟大大小小140多个湖泊中，仅发现了一种特有的珍稀鱼类，即松潘裸鲤，属特化型高原山区冷水型鱼类。松潘裸鲤独居翠海，被九寨沟人视为水中精灵，从不捕捉食用。

在古时候，九寨沟牛羊众多，草原就显得不够用了。居住在这里的华秀和哥哥商量，想要去寻找新的草场。当部落和牛羊快要走出一个石峡的时候，那些黑色的牦牛，发出非常痛苦悲切的嚎叫声，不愿前行。

就在这时，从牛群身后那巍峨的雪山深处出现了一头白牦牛，白牦牛大吼着，向石峡口奔去。说来也怪，看见了白牦牛，其他牛也停止了哀叫，随着白牦牛一齐向峡口奔去。

当牛群走出峡口时，黑牦牛全都倒下了，只有那头白牦牛在和一个黑色的怪物角斗。突然，白牦牛用它的勇猛和锋利的犄角战胜了怪物。从那以后，九寨沟的牦牛也更白了，一群又一群，好像是天上飘荡的白色云朵。

知识点滴

赏心悦目的奇特景观

在九寨沟，雪峰、叠瀑、彩林、翠海和藏情被誉为九寨沟五绝。九寨沟的雪峰堪称一大奇观。高海拔形成了九寨沟的雪峰。雪峰在蓝天的映衬下放射出耀眼的光辉，像一个个英勇的武士，整个冬季守候在九寨沟的身旁。站在远处凝望，巍巍雪峰，尖峭峻拔，白雪皑皑，银峰玉柱直指蓝天，景色壮美。

藏族同胞的隆达经幡和水转经也为冬日的九寨沟增添了神秘而浪漫的色彩。人们在享受九寨沟冬趣的同时，不妨到藏家去做客，喝一口香喷喷的热奶茶，咂一口醇香清爽的青稞酒，再欣赏一下藏、羌等

民族歌舞，消尽寒意，消尽忧愁。

九寨沟的叠瀑堪称一大奇观。俗话说，"金打的九寨山，银炼的九寨水"。水是九寨沟景观的主角。3条沟谷，由高而低，层层梯式平台地形，给流水提供了别具一格的表演舞台。

九寨沟的水是充满灵性的，它从雪山之巅轻灵而下，注入阶梯形的高山湖泊中，再漫溢出来，以千军万马的气概奔泻而来，跌落深谷，将一匹匹华美的银缎编织成了千万颗珠玉，再汇聚成溪水，涓涓流去。

它穿过绿树红花、苇蔓泽石，柔情中再次积蓄起跌宕的力量，如此往复，构成了珠连玉串的河中湖群、断断续续的激流飞泻和层层叠叠的群瀑奇观。

九寨沟是水的世界，瀑布的王国。这里几乎所有的瀑布全都从密林里狂奔出来，就像一台台绿色的织布机永不停息地织造着各种规格的白色丝绸。这里有宽度居全国之冠的诺日朗瀑布，它在高高的翠岩上急泻倾挂，仿佛巨幅品帘凌空飞落，雄浑壮丽。

有的瀑布从山岩上腾越呼啸，几经跌宕，形成叠瀑，似一群银龙竞跃，声若滚雪，激溅起无数小水珠，化作迷茫的水雾。朝阳照射时，

常常出现奇丽的彩虹，使人赏心悦目，流连忘返。

珍珠滩位于九寨沟景区的花石海下游，日则沟和南日沟的交界处，有一片坡度平缓，长满了各种灌木丛的浅滩。

长约 100 米水流在此经过多级跌落河谷，激流在倾斜而凹凸不平的乳黄色钙化滩面上溅起无数水珠，阳光下，点点水珠就像巨型扇贝里的粒粒珍珠，远看河中流动着一河洁白的珍珠，这就是珍珠滩。

珍珠滩是一片巨大的扇形钙华流，清澈的水流在浅黄色的钙华滩上湍泄。珍珠滩布满了坑洞，沿坡而下的激流在坑洞中撞击，溅起无数朵水花，在阳光照射下，点点水珠似珍珠洒落。

横跨珍珠滩有一道栈桥，栈桥的南侧水滩上布满了灌木丛，激流从桥下通过后，在北侧的浅滩上激起了一串串、一片片滚动跳跃的珍珠。迅猛的激流在斜滩上前行 200 米，就到了斜滩的悬崖尽头，冲出悬崖跌落在深谷之中，形成了雄伟壮观的珍珠滩瀑布。

这道激流水色碧绿泛白，是九寨沟所有激流中水色最美、水势最猛、水声最大的一段。激流左侧栈道，是观赏这一股碧玉狂流的最佳地点。踏着栈道，在激流的陪伴下继续东行，就到了珍珠滩东侧。这儿的斜滩坡度更大，滩面更为凹凸不平，激流跳跃，景象更为壮观。

诺日朗瀑布落差20米，宽达300米，是九寨沟众多瀑布中最宽阔的一个。瀑布顶部平整如台，滔滔水流自诺日朗群海而来，经瀑布的顶部流下，腾起蒙蒙水雾。在早晨阳光的照耀下，常可见到一道道彩虹横挂山谷，使得这一片飞瀑更加风姿迷人。

冬天的九寨沟，虽没有春天的妩媚，夏天的清爽，秋天的妖娆，却另有一番情趣。撩人心魄的飞雪，飘飘洒洒、纷纷扬扬，像春天的柳絮一样不停地飞舞着，肆意地亲吻着山峦，亲吻着湖水，亲吻着人们的脸庞。

在冬季，由于日照及走向的不同，九寨沟的海子只有长海和熊猫海有冰冻现象。蓝色的湖水上呈现出各种形状、厚薄不一的洁白的冰块和冰花，有的像丝锦，有的像哈达，有的像流云，有的像青纱，真是妙趣天成。

冬季的九寨沟，银瀑不再

飞泻。诺日朗瀑布收起了气势磅礴的阳刚之气，变成了一幅巨大的天然冰雕，有的像飞禽，有的像走兽。有的像牛群在放牧，有的像仙女在梳妆，奇异多姿，令人目不暇接。

这时候，珍珠滩和树正的冰瀑在阳光的照射下，冰凌闪亮，流水如丝；熊猫海的冰瀑也变成了巨大的冰柱、晶莹的冰帘和千姿百态的冰幔、冰挂，好似一派璀璨耀眼的冰晶世界。

九寨沟的彩林堪称一大奇观。九寨沟原始森林加上独特的地理条件，便形成了九寨沟的彩林。彩林覆盖了保护区一半以上的面积，2000多种植物在这里争奇斗艳。

金秋时节，林涛树海换上了富丽的盛装。深橙的黄栌，金黄的桦叶，绛红的枫树，殷红的野果，深浅相间，错落有致，令人眼花缭乱。每一片彩林，都犹如天然的巨幅油画。水上水下，光怪陆离、动静交错，使人目眩。

　　林中奇花异草，色彩绚丽。沐浴在朦胧的雾霭中的孑遗植物，浓绿阴森，神秘莫测；林地上积满了厚厚的苔藓，散落着鸟兽的翎毛。这一切，都充满着原始气息的森林风貌，使人产生出一种浩渺幽远的世外桃源之感。

　　入冬以后，积雪使九寨沟变成了银白色的世界，莽莽林海，似玉树琼花，冰瀑、冰幔，晶莹洁白。银装素裹的九寨沟，显得洁白、高雅，仿佛置身于白色玉盘中的蓝宝石，显得更加璀璨。

　　九寨沟的翠海堪称一大奇观。九寨沟的地下水富含大量的碳酸钙质，湖底、湖堤、湖畔水边都可见乳白色碳酸钙形成的结晶体。而来自雪山、森林的活水泉又异常洁净，加之梯形的湖泊层层过滤，其水色愈加透明，能见度可达 20 米，这就形成了九寨沟的翠海、叠瀑。

　　九寨沟的海子终年碧蓝澄澈，明丽见底。而且，随着光照的变化

和季节的推移，湖水呈现出不同的色调与韵律。秀美的，玲珑剔透；雄浑的，碧波不倾。每当风平浪静时分，蓝天、白云、远山、近树，倒映湖中，"鱼游云端，鸟翔海底"，水上水下，虚实难辨，梦里梦外，如幻如真。

大凡景色奇异秀丽的地方，都有些美丽动听的传说。关于九寨沟的奇丽湖瀑，也有一个动人的传说。

在很久以前，千里岷山白雪皑皑，藏寨中有个美丽纯朴的姑娘名叫沃诺色嫫，靠着天神赐给的一对金铃，引来神水浇灌这块奇异的土地。于是，这块土地上长出了葱郁的树林，各种花草丰美，珍禽异兽无数，使得这块曾经荒漠的土地，顿时变得充满生机。

一天清晨，姑娘唱着山歌，来到清澈的山泉边梳妆，遇上一个正在泉边给马饮水的藏族青年男子。藏族男青年名叫戈达，早就对沃诺色嫫姑娘怀有爱恋之心，姑娘也暗暗地十分喜爱这个勇敢的小伙子。

这时在清泉边不期而遇，两人心里都充满喜悦，正当姑娘和小伙在互相倾吐爱慕之情时，哪知一个恶魔突然从天而降，硬将姑娘和小伙子分开，抢走了姑娘手中的金铃，还逼姑娘一定要嫁给他做妻子。

沃诺色嫫姑娘哪里肯从，戈达奋力与恶魔搏斗，姑娘乘机逃进了一个山洞。那戈达毕竟不是恶魔的对手，只有跳出圈外，跑去唤来村寨中的相邻亲友，与恶魔展开了殊死搏斗，经过了九天九夜的鏖战，终于战胜了恶魔，救出了沃诺色嫫姑娘，金铃也回到了姑娘的手中。

姑娘和小伙子一路上边摇动着金铃，边唱着情歌回家。霎时间，空中彩云飘舞，地下泉水翻涌，形成了108个海子，作为姑娘梳妆的宝镜。

在戈达和沃诺色嫫结婚的宴席上，众山神还送来了各种绿树、鲜花、异兽，于是，这里从此就变成了一个美丽迷人的人间天堂。

传说就在那深不见底的长海中潜伏着一条长龙，那长龙平时就爱在湖底酣睡，如果有任何人惊醒、触怒了它，它就会掀起大浪，喷出黑云，降一场冰雹。

长龙还要人们在每年秋收之前，祭奠一个活人给它，否则就要降临灾难，危害人畜庄稼。于是大家只好用抽签的办法，轮流将童男童女丢进长海去喂长龙。

这一年，不幸轮到一户人家，这户人家里只有一个瞎眼的妈妈和一个儿子，人们同情这孤儿寡母，但却又无法搭救他们。

祭奠的日子一天天地临近，妈妈的眼泪也哭干了。部落的人们想方设法地安慰老妈妈，只有陪着她一起痛哭，石头人听了也会为之伤心。

有一个名字叫作扎依的老猎人实在忍受不了妈妈如此地伤心，他就决心舍命也要屠杀黑龙，为民除掉这一祸害。

勇敢的猎人带着长刀、长弓来到长海的边上，瞄准了黑云腾起的一瞬，一箭射去，但箭却像射在生铁上一样火花四溅，黑龙安然无恙，猎人又拔出长刀向黑龙砍去，刀很快又折断了。

于是那黑龙扑过来抓掉了猎人的左臂，接着又张开血盆大口，想要把扎依一口吃掉。就在这时，刮起一阵狂风，将扎依卷走了。

长龙非常愤怒，冲天而起，喷出黑云，下起冰雹，把所有的庄稼打得颗粒无收，人和畜也伤残不少。为了挽救部落，扎依猎人的小孙女斯佳告别了泣不成声的乡亲，自动踏上了与长龙决斗的死亡之路，一步步向长海走去。

扎依老人醒来的时候，发现自己躺在女神山下，左臂的伤口已经愈合，身边还放着一把闪闪发光的长剑。他知道这是九寨沟的守护女神救了他的性命，并送给他斩龙的宝剑。扎依向女神山虔诚地一拜，然后提起长剑就奔向长海。

刚到长海的入口，猎人就看见黑龙把自己的孙女斯佳卷入长海之中，一口吞掉，扎依猎人怒发冲冠，不顾一切向黑龙扑去，在海上与黑龙展开了殊死搏斗。他靠独臂和宝剑与长龙一直搏斗了七天七夜，经过数百个回合，终于斩下了黑龙的利爪。

而扎依也遍体鳞伤，但他怕长龙再出来危害乡亲们，就一直拿着宝剑站在海口。后来，扎依化作一棵拔地参天的松柏，永远镇守海口。

自那以后，黑龙就一直深藏在海底，再也不敢出来兴风作浪了。每年深秋至初春的时候，人们还能听到黑龙从海底发出的无可奈何的悲吟。

九寨沟的箭竹海面积 17 万平方米，湖畔箭竹葱茏，杉木挺立；水中山峦对峙，竹影摇曳。一汪湖水波光粼粼，充满生气。

箭竹是大熊猫喜食的食物，箭竹海湖岸四周广有生长，是箭竹海最大的特点，因而得名。箭竹海湖面开阔而绵长，水色碧蓝。倒影历历，直叫人分不清究竟是山入水中还是水浸山上。

箭竹海中，有许多被钙化的枯木，形成奇特的珊瑚树，而在腐木上又可见一些新生的树，这被称为腐木更新，或叫枯木逢春和再生树。无风的时候，可欣赏到箭竹海的倒影。

九寨沟的镜海一平如镜，故得其名。它就像是一面镜子，将地上和空中的景物毫不失真地复制到了水里，其倒影独霸九寨沟。

镜海平均水深 11 米，最深处 24.3 米，面积 19 万平方米，素以水面平静著称。每当晨曦初露或朝霞遍染之时，蓝天、白云、远山、近树，尽纳海底，海中景观，线条分明，色泽艳丽。

九寨沟镜海紧邻在空谷的下游，湖呈狭长形，长约 1 千米，为林木所包围。对岸山壁像一座巨大的石屏风。右侧是镜海的下游，毗邻诺日朗群海；左侧是镜海上游，与镜海山谷衔接。

恬静的镜湖、俊美的翠湖、秀丽的芳草湖、迷人的卧龙海、神奇的五彩池、奇异的五花海、雄伟的珍珠滩和壮阔的诺日朗瀑布等。九寨沟的水如银链、似彩虹，将山林沟谷描抹得风姿绰约，妖娆迷人。

九寨沟的彩池是阳光、水藻和湖底沉积物的合作成果。一湖之中由鹅黄、黛绿、赤褐、绛红、翠碧等色彩组成不规则的几何图形，相互浸染，斑驳陆离，如同抖开的一匹五色锦缎。

随着视角的移动，彩池的色彩也跟着变化，一步一态，变幻无穷。有的湖泊，随风泛波之时，微波细浪，阳光照射下，璀璨成花，远视俨如燃烧的海洋；有的湖泊，湖底静伏着钙化礁堤，朦胧中仿佛蛟龙流动。

整个沟内的彩池，交替错落，令人目不暇接。百余个湖泊，个个古树环绕，奇花簇拥，宛若镶上了美丽的花边。湖泊都是由激流的瀑布连接，犹如用银链和白涓串联起来的一块块翡翠，变幻无穷。

火花海深 9 米，面积 36000 平方米，水色湛蓝，波光粼粼。每当晨雾初散，阳光照耀，水面似有朵朵火花燃烧，星星点点，跳跃闪动。那掩映在丛丛翠绿中的海子，像一个晶莹无比的翡翠盘，满盛着瑰丽辉煌的金银珠宝。

五花海同一水域常常呈现出鹅黄、墨绿、深蓝和藏青等色，斑驳迷离，色彩缤纷。从老虎嘴俯瞰它的全貌，俨然是一只羽毛丰满的开屏孔雀。阳光照耀下，海子更为迷离恍惚，绚丽多姿，一片光怪陆离，使人仿佛进入了童话境地。

透过清澈的水面，可见湖底有泉水上涌，令人眼花缭乱。山风徐来，各种色彩相互渗透、镶嵌、错杂和浸染，五花海便充满了生命，活跃、跳动起来。

夏季，海边野花盛开，团团簇簇，姹紫嫣红，花上露珠，晶莹剔透，闪闪发光，与海中火花相映成趣，韵味无穷。

站在五花海的顶部俯视其底部，那景观妙不可言，湖水一边是翠绿色的，一边是湖绿色的，湖底的枯树，由于钙化，变成一丛丛灿烂

的珊瑚，在阳光的照射下，五光十色，非常迷人。五花海有着"九寨精华"及"九寨一绝"的美名。

犀牛海是一个长约 2 千米的海，水深 18 米，是树正沟最大的海子。南端有一座栈桥通向对岸。每天清晨，云雾缥缈时，云雾倒影，亦幻亦真，让人分不清哪里是天，哪里是海。

犀牛海水域开阔，北岸的尽头是生意盎然的芦苇丛，南岸的出口既有树林，又有银瀑，中间一大片是蓝得醉人的湖面。犀牛海的这一片山光水色，让游客流连忘返。

传说古时候，有一位身患重病、奄奄一息的藏族老喇嘛，骑着犀牛来到这里。当他饮用了这里的湖水后，病症竟然奇迹般地康复了。于时老喇嘛日夜饮这里的湖水，舍不得离开，最后更是骑着犀牛进入海中，永久定居于此，后来，这个海子便被称为犀牛海。

小巧玲珑的卧龙海是蓝色湖泊的典型代表，极其浓重的蓝色沁人心脾。湖面水波不兴，宁静祥和，犹如一块光滑平整、晶莹剔透的蓝

宝石。卧龙海底有一条乳黄色的碳酸钙沉淀物，外形像一条沉卧水中的巨龙。相传，在古代，九寨沟附近黑水河中的黑龙，每年都要九寨沟百姓供奉99天，才肯降水。白龙江的白龙很同情九寨沟的百姓，想给他们送去白龙江水，不料，却遭到黑龙的阻挡。

于是，二龙争斗起来，最后，白龙体力不支，沉入湖中。正在危急时刻，万山之神赶来降服黑龙。然而白龙再也无力返回白龙江，日久便化为长卧湖底的一条黄龙。人们为了纪念它，就把这个海子叫作卧龙海。

树正群海是九寨沟秀丽风景的大门。树正群海沟全长13.8千米，共有各种湖泊40个，约占九寨沟全部湖泊的40%。40个湖泊，犹如40面晶莹的宝镜，顺沟叠延五六千米。水光潋滟，碧波荡漾，鸟雀鸣唱，芦苇摇曳。

最令人叫绝的是树正群海下端的水晶宫，千亩水面，深度可达四五十米，远眺阔水茫茫，近看积水空明。距水面约10米的湖心深处，也有一条乳黄色的碳酸钙堤埂，仿佛一条长龙横亘湖底。

山风掠过湖面，波光粼粼，卧龙仿佛在卷曲蠕动。风逐水波，卧龙又像是在摇头摆尾，呼之欲出。

芦苇海是一个半沼泽湖泊。海中芦苇丛生，水鸟飞翔，清溪碧流，漾绿摇翠，蜻蜓空行，好一派泽国风光。芦苇海中，荡荡芦苇，一片青葱，微风徐来，绿浪起伏，飒飒之声，使人心旷神怡。

湖中有一条彩河，传说女神色嫫在这里沐浴时，恰巧男神达戈经过，女神惊慌中将腰带遗失在这里，便化作彩河。据说，在对面的山上，还可以看见女神娇羞的脸庞。

春日来临，九寨沟冰雪消融、春水泛涨、山花烂漫、春意盎然，远山未融化的白雪映衬着童话世界，温柔而慵懒的春阳吻接湖面，吻接春芽，吻接你感动自然的心境。

夏日，九寨沟掩映在苍翠欲滴的浓荫之中，五色的海，流水梳理着翠绿的树枝与水草，银帘般的瀑布抒发四季中最为恣意的激情，温柔的风吹拂经幡，吹拂树梢，吹拂你流水一样自由的心绪。

秋天是九寨沟最为灿烂的季节，五彩斑斓的红叶，彩林倒映在明丽的湖水中，缤纷地落在湖光流韵间漂浮。悠远的晴空湛蓝而碧净，自然造化中最美丽的景致充盈眼底。

冬日，九寨沟变得尤为宁静，充满诗情画意。山峦与树林银装素裹，瀑布与湖泊冰清玉洁、蓝色湖面的冰层在日出日落的温差中，变幻着奇妙的冰纹，冰凝的瀑布间、细细的水流发出沁人心脾的音乐。

九寨四时，景色各异，春之花草，夏之流瀑，秋之红叶，冬之白雪，无不令人为之叫绝。而这一切，又深居于远离尘世的高原深处，在那片宁静得能够听见人的心跳的净土融入春夏秋冬的绝美景色之中，其感受任何人间语言都难以形容。

知识点滴

九寨沟的水是独一无二的，因为她的每一个海子都透出不同的颜色，其原因是碳酸钙结晶让不同矿物质沉积。

海子的四周是茂密的树林，湖水掩映在重重的翠绿之中，像是一块晶莹剔透的翡翠。当晨雾初散，晨曦初照时，湖面会因为阳光的折射作用，闪烁出朵朵火花。小巧玲珑的卧龙海是蓝色湖泊的典型代表，极浓重的蓝色醉人心田。湖面水波不兴，宁静详和，像一块光滑平整、晶莹剔透的蓝宝石，美得让人心醉。

水是九寨沟的灵魂，因其清纯洁净、晶莹剔透、色彩丰富而让人陶醉。一切美好的事物都是水做的，水是天堂的血脉。

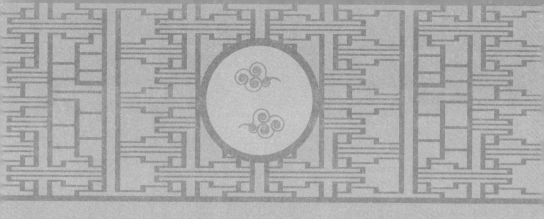

独特的地域民族风情

九寨沟神奇的自然风光，独特的地理环境，孕育了九寨沟独特的地域人文历史和民族风情。随着九寨沟的名气一天天增加，世世代代隐藏这里的藏民族和羌民族的人文历史，也逐步向世人揭开了神秘的面纱。

早在 7 世纪，汉文典籍将居住在四川西南一带的藏族称为康巴；将居住在四川西北、甘肃、青海一带的藏族称为安多；将居住在阿坝州马尔康、大金、小金一带的藏族称为嘉绒；将居住在松潘、九寨沟、求吉、包座、若尔盖一带的藏族称为邶。

吐蕃王朝东征时，军队驻守在今松潘、平武一带，未被

召回，于是，他们的子孙世代定居下来，成为安多藏族的一部分。九寨沟属中羊峒番部内，因九个寨为一个部落，所以有九寨沟之称。

在九寨沟，藏民族的住房，与内地截

然不同。内地房舍、平房多人字屋顶，便于泄水，楼房多钢骨水泥或砖砌。九寨沟藏民族平民的房子，多为土石结构，平顶狭窄。寺庙和贵族、领主的庄园，却围墙高耸，层楼屹立，森严若监狱。

九寨沟地区的民间住房可分为陋室、平房和碉房等。一般平民居住的一层建筑，结构简单，土石围墙，将木料或树枝架在上面，用泥土覆盖。

房顶用一种当地风化了的垩嘎土打实抹平。内室住人，外院围圈牲口。两层平房，一般墙基用石砌，上面用土坯垒，上层住人，下层作为伙房、库室和圈牲口之用。

碉房是过去贵族、领主、大商人居住的房子，一般三层以上，最高到五层，用石作为墙，木头作为柱，柱子密集，约4平方米便有一柱，上用方木铺排作椽，楼层铺木板。

这种房屋，二、三层住人，底层作为库房。房子的柱头、房梁，装饰绘画，十分华美。二、三层向阳处都设有落地玻璃，采光面广，人住在里面，冬天不用生火取暖。楼顶有阳台，可供晒物品和观光用。

在九寨沟藏族同胞的家里，大都以厨房为中心，正前方供有佛龛，有的兼用放置碗橱、家庭的宝物和法器等。中心以灶台为界，入口的左方，为女宾席，右方和正前方为男宾席。

在九寨沟牧区，人们普遍用牛毛帐篷作为住房。藏民们先用牛毛纺线，织成粗氆氇，再缝成长方形的帐篷，当中支撑木杆，外面用毛绳拉紧钉在四周地上，周围用草饼或粪饼垒成墙垣，一方开门。

白天，牧民将帐篷布对开分撩两边，人可出入，晚上放下用带系紧。近门中央，支石埋锅为灶，帐顶露有一道长缝，沿缝设有小钩，便于通气和启闭。这种帐篷，虽然简单，但牛绒捻纺质地粗厚，不怕风雨大雪，也便于牧民随时搬迁。

甲蕃古城位于九寨沟县甘海子，是松赞干布大军进攻唐王朝时留下的驻军遗址，后经全面整理、恢复重现于世。松赞干布驻军遗址的形成，与唐蕃关系时战时和的形势密不可分。双方在今松潘和九寨沟县之间驻军，沿途形成城镇和营盘，留下大量历史遗迹。

著名历史学家陈寅恪在《唐代政治史述论稿》一书中称，在唐朝各少数民族政权先后是突厥、吐蕃、回鹘和南诏。吐蕃源出于古羌，7世纪初据有今天西藏、青海、四川西部等高原地区。629年，吐蕃联盟发生内乱，年仅13岁的松赞干布继承了王位。

为了巩固王权，年轻的松赞干布对内设立官制和法律，对外积极开拓疆域，短短几年就统一了吐蕃各部，建立了强大的吐蕃王朝，并先后迎娶尼婆罗赤尊公主、象雄公主和木雅公主为妃。

松赞干布渴慕唐风，先后两次遣使入唐求婚，但都遭到唐太宗的婉言拒绝。638年正月，松赞干布率20万吐蕃军队，趁唐与吐谷浑激战之机，进攻松州，即今松潘，与唐松州都督韩威的军队对峙，开始了唐蕃关系史上重要的松州战役。

在松州战役的第一阶段，吐蕃军队占绝对优势。驻扎在甲蕃古城一带的吐蕃军队，在今甘海子、神仙池一带神出鬼没，袭击唐军，迫使韩威所属的阎州、诺州等地先后投降吐蕃，一时唐朝边境人心混乱，朝野震动。

吐蕃在松州的胜利引起了唐太宗的警惕，他急令侯君集为行军大总管，从河西走廊调集能征惯战的五万铁骑，千里奔袭松州，并一举击溃了吐蕃军队，联得了松州战役第二阶段的决定性胜利。

松赞干布败退后，又派使者与唐朝通和求婚，这次唐太宗答应将文成公主嫁给他，并于 641 年正月派礼部尚书江夏王李道宗持节送文成公主进藏。

唐朝中央政府的宽容大度，令松赞干布感激万分，他亲迎于柏海，特为公主筑一城来安置她。后来，唐太宗去世时，松赞干布非常悲痛，第二年，他也撒手故去，年仅 34 岁。唐蕃和亲，开创了以后 100 多年间双方和平共处、互通有无的局面。

安史之乱后，吐蕃处于国力鼎盛的樨松德赞时代，又开始骚扰唐朝边境，甲蕃古城一带重新成为双方必争之地。

763 年，吐蕃兵攻陷唐都长安。唐朝先后用严威、韦皋为节度使，在甘海子一带多次打败吐蕃进扰，迫使吐蕃重新和谈。

唐穆宗长庆元年，唐朝与吐蕃建立了藩属关系，从此唐蕃关系和好如初。而且，唐王朝还立下《唐蕃会盟碑》，以示纪念，这通碑现存于拉萨大昭寺。

再往后，随着唐室式微和藩镇割据局面的形成，吐蕃政权也走向衰落，甲蕃古城及其他遗址也逐渐弃用，终于隐没于川西北高原的崇山峻岭之中。

907年唐朝灭亡，不久吐蕃政权也瓦解，这个曾经促成唐蕃和亲的甲蕃古城逐渐鲜为人知。然而在当地汉、藏、羌百姓之间，千百年来却流传着有关甲蕃古城遗址的种种故事传说，为这个唐时驻军遗址蒙上了一层神秘色彩。

九寨沟寺庙是藏民族建筑物的典型，规模最庞大，装饰最为华丽。土木石结构相结合，以木为主，一般依坡而建。

寺庙大经堂多为三层建筑，墙体用块石砌成，开小窗，给人浑厚沉稳之感。底层用朱红色棱，柱头部分雕刻立体图案。在墙体上方，多用棕红色饰带，上缀镏金铜镜等饰物。

中央正殿栋宇辉煌，巍峨耸峙。宫顶金碧耀眼，与日争光；许多寺庙往往连缀建设，规模宏大，楼房叠砌，仿佛一座城池。寺内四壁，粉色彩画，廊道柱梁，油漆装饰细致，雕梁画栋，豪华异常。

九寨沟藏区寺院的塔分为灵塔和佛塔。灵塔供奉于寺院，是活佛塔葬的一种形式。佛塔建在寺院或村寨入口较低的地方。塔的原色必须是白色。

塔的命名由塔内的经文内容、法器类别、塔身造型和装饰特点决定。塔群按主体佛法经文的内容名称合并命名。例如，九寨沟树正寨的九宝莲花菩提塔，就是合并命名的。

九寨沟的羌民族自称尔码人、尔麦人。春秋战国时期，古羌人由西北向西南迁徙，其中一支迁居于岷江上游一带，此后又有不少羌人部落南下，经过长期融合，演变成今日的羌族。

九寨沟羌民族依山垒石建屋，碉楼高丈余，古称邛笼。此外，羌民们还擅长掘井和建笮桥。

羌族以其独特而精湛的建筑技艺著称于世，其中以碉楼、石砌房屋、索桥和栈道等最为有名。羌寨的建设既是其建筑技术的具体表现，又作为羌族物质文化的典型代表。

羌民族一般聚族而居，三五十家聚集成为村落。寨中建有石碉楼，方形，底大上小，高达数丈。羌碉以功能分有战碉、哨碉、界碉、风水碉、官寨碉，以形状分有四角、五角、六角、八角碉等，以材质分有石碉、夯土碉、木碉。石砌楼房利用地形而建，错落有致，鳞次栉比，宛如城堡，蔚为壮观。

羌族民居一般都是就地取材，用石块、黄泥砌成，他们擅长砌石墙，住房多呈方形或长方形，两三层，底为畜圈，中间住人，顶上作为晒场，以独木截成锯形楼梯上下。

寨房外形一律取堡垒形，基部较宽，逐渐向上收缩，最高处为一方形之小石板堆，平顶，故外形呈四方锥形立体。

　　羌房窗小，防寒防盗，屋内通风、采光都差，烟尘难出。楼间借以独木砍削制为梯。中层中间为堂屋，砌火塘取暖做饭，其两端为卧室。屋顶供奉神龛。其后部四角或一角常有一乱石垒成之小塔，顶上放一卵形白石，俗称鸡公石，意为白石神，每逢年节供祭祀。

　　溜索、索桥和栈道是羌族人民智慧的结晶。溜索是一种古老原始的渡河方法，即用一根竹缆横跨河川两岸，利用倾斜之势，人悬在溜筒上，从此岸滑向彼岸。索桥是在桥的两岸砌石为桥洞门，用几根或10余根竹绳并列，绳头固定于两岸石础或木柱上，竹索上铺有木板以方便人们通过。

　　羌族还保留有特殊礼仪，如成年礼。每年农历三月至六月初三，羌寨还要举行塔子会以便敬山神。每年入夏，遇干旱，还要举行祈雨活动，即搜山求雨或赶旱魃。搜山求雨是羌族中一种古老的信仰习俗。若遇天旱，人们便举行搜山仪式，祈求降雨。届时，禁止人们上山进行打猎、砍柴、挖药等活动，违者将受谴责或遭痛打。若仍不降雨，再到高山之巅举持祈雨仪式。

　　羌族基本保留着原始宗教的内核，为多神信仰，除火神以锅庄为

代表，其余诸神均以白石为象征。

羌族的祭祀活动以祭天神为最经常，以祭山为最隆重。天神以供奉在每家屋顶角小塔塔尖上的白石为代表。

每个羌寨附近，都有一丛老树组成的神林，树前留有空地作为祭山活动场所。祭山也是祭天，即祈年或还愿。一般在农历正月岁首、五月播种、十月秋收举行祭祀活动，在巫师主持下，全村寨除妇女外的所有成员着盛装，带着馍馍，或杀牛羊，或吊白狗，以血洒在白石尖端，然后跳沙朗、饮咂酒、吃牛羊肉，尽欢而散。

羌族巫师是一种未脱离农业生产的宗教师，几乎每寨一名，诸如祭山、还愿、安神、结婚、死者安葬和超度等活动，都离不开他们。

知识点滴

生活在青藏高原上的藏族牧民，素有以帐篷为家的居住习俗。藏族的帐篷多是用粗牦牛毛织物缝成的，其形状有翻跟斗式、马脊式、平顶式、尖顶式等种类。

在迁徙频繁的游牧生活中，藏民的"家"是驮在牦牛背上的，因此，藏族人民无论走到哪里，只需要把帐篷铺开，将其四角的牛毛绳子系在钉入地下的木桩上，然后在帐篷中穿入一梁，用两根立柱支在梁下，一座高可及颈的"住房"即会很快建成。

在寒冷的冬季，尽管大雪纷飞，但牛毛帐篷却能巧妙地保持着力的平衡，在暴风雪中安然无恙。

四川

　　黄龙位于四川省北部阿坝藏族羌族自治州松潘县境内的岷山山脉南段，属青藏高原东部边缘向四川盆地的过渡地带。黄龙保护区面积700平方千米，由黄龙本部和牟尼沟两部分组成。

　　黄龙保护区以彩池、雪山、峡谷、森林"四绝"著称于世，是一个景观奇特、资源丰富、生态原始、保存完好的风景名胜区，并且具有重要科学和美学价值，被誉为"人间瑶池"。

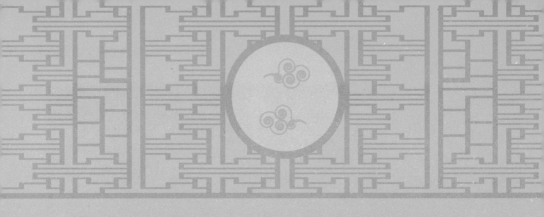

地表钙华为主的人间瑶池

　　黄龙自然保护区位于四川省阿坝藏族羌族自治州松潘县境内，总面积4万多公顷，因黄龙沟内有一条蜿蜒的形似黄龙的钙华体隆起而得名。

　　黄龙自然保护区以彩池、雪山、峡谷、森林四绝著称于世，是我国少有的保护完好的高原湿地。

　　黄龙自然保护区位于岷山主峰雪宝顶山下，由黄龙本部和牟尼沟两部分组成。黄龙本部主要由黄龙沟、雪宝顶、丹云峡、红星岩等构成；牟尼沟主要有扎嘎瀑布和二道海两个景区。

　　黄龙沟具有世界罕见的钙华景观，规模宏大、类型繁多、结构奇巧、色彩丰艳，在我国风景名胜区中独树一帜。以其奇、绝、秀、幽的自然风光蜚声中外，被誉为"人间瑶池"和"人间天堂"。

　　黄龙本部除黄龙沟、雪宝顶、丹云峡等构成外，还有雪山梁、雪峰朝圣、观音洒水瀑、黄龙冰川等奇特景观。

　　黄龙沟下临涪江源流涪源桥，是一条长7.5千米，宽1.5千米的缓坡沟谷。沟谷内布满了乳黄色岩石，远望好似蜿蜒于密林幽谷中的黄龙，故黄龙沟的名称来源于此。

　　黄龙沟连绵分布钙华段长达3.6千米，钙华滩最长1.3千米，最宽170米，彩池多达3400个。钙华石坝、钙华彩池、钙华滩、钙华扇、钙华湖、钙华塌陷湖、钙华塌陷坑以及钙华瀑布、钙华洞穴、钙华泉、钙华台、钙华盆景等景观一应俱全，是一座名副其实的天然钙华博物馆。

　　黄龙沟在当地为各族乡民所尊崇，藏民称之为"东日"和"瑟尔峻"，意思是东方的海螺山和金色的海子。这里沿袭的庙会，一年一度盛况空前，西北各省区各族民众均有参加。奇特的自然景观和民族风情，共同组成了黄龙沟的人间奇迹。

岷山主峰雪宝顶是藏民心中的圣山，藏语叫作夏尔冬日，意思是东方海螺山。在古冰川和现代冰川的剥蚀和高寒的融冻风化下，雪宝顶四壁陡峭，银光闪烁，俯视着整个黄龙自然保护区。

雪宝顶终年积雪，山腰岩石嶙峋，沟壑纵横，高山湖泊星罗棋布，较大的海子有108个，山麓花草遍布，灌木丛生，松柏参天。这里生长着大量的贝母、大黄、雪莲等名贵中药材，同时也是青羊、山鹿、獐子等野生动物栖息、繁衍的场所。

雪山梁位于雪宝鼎腹地，是涪江的源头，海拔4千米，是进入黄龙沟的必经之路。积雪的山梁上遍插藏族人民信仰的五色经幡。

蓝、黄、绿、红、白五色分别象征天、地、水、火、云。印有经文或图案的五色经幡，随风飘动，这是虔诚的藏族人民对大自然崇拜的一种形式。

雪山梁是高寒岩溶和冰川堆积而形成的，其主要景观有淘金沟。

沟内千仞绝壁层层叠叠，大小溶洞形态奇特；张家沟，沟内冰川湖泊蓝如宝石；关刀石，登临峰顶极目远眺，高山远景一览无余。

观音洒水瀑又名喊泉，位于岷山玉翠峰上。平常很难见到瀑水，游人想观其奇景，必须站在悬崖下放声大吼，顷刻间水珠就从崖上滚落下来，吼声越大，水流量越多。片刻之后，一道瀑布随着吼声便形成了，吼声停止，瀑布随即消失。

据传说，当年，转山者们在此虔诚地念经，感动了观音菩萨，于是观音菩萨便洒圣水为他们消灾弥难，当地人将这一奇特的景观叫作观音洒水瀑。

黄龙沟冰川俗称冰河，是指由积雪形成并能移动的冰体。从冰蚀到冰碛形态，黄龙冰川构成了一个完整的冰川形成过程。一条条气势磅礴的冰川从主峰直泻而下，与苍莽的原始森林和缤纷的百花草甸交相辉映，绿海银川，气象万千，构成一幅波澜壮阔的画卷。

在黄龙沟内，每当春暖花开的时候，在海拔四五千米的高山上，雪多量重，由于下部积雪融化后支撑力大大减小，加上底部水流的润滑，于是成千上万吨冰雪便沿着陡峭的山坡，以每秒数十米的速度，朝山下崩塌。

发生雪崩时，只见一道道飞驰的雪流，好似一条狂暴的银龙，喷云吐雾，吼叫着越过山谷，冲过山崖，落进深渊。气浪的啸叫和松涛滚动之声绵延交错，数十千米山谷轰然作响，地动山摇，惊心动魄。

丹云峡起于玉笋群峰，止于扇子洞，绵延 18.5 千米，落差 1.3 千米，峰谷高差为 1 千米至 2 千米。这里冬天一片雪白，夏天山林翠绿，尤其是春天漫山遍野的红杜鹃和秋天一路枫叶红遍峡谷，这情景仿佛夕阳之下的火烧云从天而降，丹云峡因此而得名。

整个丹云峡，垂直高差约 1.4 千米，涪江贯穿其中，激流险滩。当地人形容丹云峡的狭窄和深险峻，有"抬头一线天，低头一匹练""滩

声吼似百万鸣蝉，搅得人心摇目眩"的说法。

关于丹云峡的来历，还有一段美丽的传说。

在很早之前，人间并没有烟火，要获得火种就必须到天庭上去取，但要求是必须要修炼成仙。

为了能够取到火种，有一对叫张三哥和杨妹的年轻夫妇决定到黄龙寺去静心修炼。那个时候张三哥在山顶上专心修炼，由于妻子怀有身孕，她就在山腰修炼。夫妇两人心诚，不到 8 个月的时间，张三哥和杨妹都已小有成就。

因为妻子怀有身孕，所以还没有决定什么时候去天庭取火。

有一天，夫妇两人正在丹云峡中散步的时候，忽然看见一只老熊在悬岩上握着吹火筒无火空吹，夫妻俩心急如焚，决定冒险一试，马上就去天庭取火。

就在这时一匹石马和一头石乌龟出现在路边，驮着他们夫妇俩很快就到了万象岩，当时十二属相的动物都在，猴王还做好了灶孔。

到了夜里，夫妇俩决定去天庭，丈夫朝着登天岩猛地冲过去，不幸鞋子在半空中脱落，只好赤脚登上了天空。

妻子因为有身孕，就化成一条鲤鱼，在涪江中一个滚翻，跃出水面，在跃至崖顶时，属相们清清楚楚地看见那条鲤鱼正在变成仙女的模样。

丹云峡峡谷共分5段。花椒沟段至涪源桥以下有福羌岩、牌坊档等几处景观。福羌岩百丈高崖如刀削斧劈，直立峡中，岩上附藤葛萝蔓，岩边倚古木虬枝；牌坊档怪石如林，奇花异卉，香馥氤氲。

石马关至涪源桥以下，绝壁上怪柏丛生，山峰奇诡。因外形得名的有桩桩岩、猫儿蹲、双株峰、观音岩等景观。猫儿蹲下有一条细泉，如猫撒尿，因此叫作猫儿尿。

石马桥距涪源桥约20千米，河心有一块巨石，长约5米，高约两米，形似骏马，原有一桥靠石而架，因此叫作石马桥。前行数十步，峡谷近乎闭合，一人可当万夫，人称石马关。

灶孔岩至涪源桥以下山腰有一形如灶孔的空洞，其中可容数十人，因此叫作灶孔岩。再往前走300米左右，有一个月亮形的岩石，镶嵌在悬岩峭壁上，因此叫作月亮岩。这其中有3处40余米宽的高山瀑布，称作芋儿瀑布。

凌冰岩龙滴水至涪源桥以下，每当数九寒天之时，两岸悬崖上滴水成冰，垂挂数十米，冰瀑悬岩，因此有凌冰岩之称。若是春秋之时，数千丈高陡岩上，几股清泉飞流直下，又名龙滴水。

钻字牌至涪源桥以下有一块石碑，上面刻着古人游松州的见闻，在不远处还有一只石龟。

龙滴水是丹云峡的一个支沟，这里山势起伏蜿蜒，像巨龙卧在悬崖峭壁上，细流密布，水珠如帘，给人一种"万甲尽藏雨，浑身遍绕云"的感觉。山泉滴滴，沁人心脾，据说饮后能治百病，因此叫作龙滴水。

五彩池是位于黄龙自然保护区最高处的钙华彩池群，共有693个钙池。这里背倚终年积雪的岷山主峰雪宝顶，面向碧澄的涪江源流。沟谷顶端的玉翠峰麓、高山雪水和涌出地表的泉水交融流淌。

由于受到流速缓急、地势起伏的影响，再加上枯枝乱石的阻隔，水中富含的碳酸钙开始凝聚，逐渐发育成固体的钙华埂，使流水潴留成层叠相连的大片彩池群。

碳酸钙沉积过程中，又与各种有机物和无机物结成不同质的钙华体的奇观，光线照射会呈现出种种变化，形成池水同源而色泽不一的奇观，人们称它为五彩池。

五彩池青山吐翠，近6千米高的岷山主峰雪宝顶巍然屹立在眼前。漫步池边，无数块大小不等、形状各异的彩池宛如盛满了各色颜料的水彩板，蓝绿、海兰、浅蓝等，艳丽奇绝。

湖水色彩的形成，主要源于湖水对太阳光的散射、反射和吸收。太阳光是由不同波长的单色光组合而成的复色光，在光谱中，由红光至紫光，波长逐渐缩短。

五彩池如蹄、如掌、如菱角、如宝莲，千姿百态。巨大的水流沿沟谷漫游，注入梯湖彩池，层层跌落，穿林、越堤、滚滩，极富有观赏情趣。

　　进沟的第一池群，掩映在一片葱郁的密林之中，穿过苍枝翠叶，20多个彩池参差错落，波光闪烁，层层跌落，水声叮咚；有的池群池埂低矮，池水漫溢，池岸洁白，水色碧蓝，在阳光照射下，呈现出五彩缤纷的色彩。

　　有的池中古木老藤丛生，如雄鹰展翅，似猛虎下山，各种飞禽走兽造型惟妙惟肖，栩栩如生；有的池中生长着松、柏等树木，或探出水面，或淹没于水中，婀娜多姿，妩媚动人，给人们以美妙的幻觉。

　　五彩池盛不下那么多画中秀色，于是水飞浪翻一路流淌，在长达3千米的脊状坡地上，形成了气势磅礴的又一奇观金沙铺地。

　　原来，在山水漫流处，沿坡布满一层层乳黄色鳞状钙华体。阳光下伴着湍急的水波，整个沟谷金光闪闪，看上去恰似一条巨大的黄龙从雪山上飞腾而下，龙腰龙背上的鳞状隆起，则好像它的片片龙甲。

　　红星岩海拔4.3千米，位于漳腊盆地东侧，岷山山脉西坡。

　　在很早以前有一个传说，传说中黄龙有4个很高的山寨，它们就是垮石寨、牛流寨、红星寨和黄龙寨。

　　黄龙寨里有一个名字叫作玉翠的姑娘十分美丽，有一天玉翠上山采药，遇到了同样采药的红星寨藏族青年红星，两人一见钟情。

　　正当玉翠和红星准备结婚的时候，垮石寨的官员却看上了非常美丽的玉翠姑娘，打算强占玉翠为妻。红星非常气愤，发誓要用自己的一切来捍卫这份神圣的爱情。

　　红星和官员约定好在雪山顶上以立木桩为标记，谁先射中木桩，玉翠就嫁给谁，并请牛流寨的村长作为证人。当村长吹响角号的时候，就意味着比武正式开始了。

　　阴险狡诈的官员张弓射箭，趁着红星不防备的时候发冷箭射中了红星，中箭的红星愤怒地举起刀向官员砍去，官员死在了红星的刀下，同时，垮石寨也被红星砍得粉碎。

　　后来，红星失去了自己的生命，他的伤口不断涌出鲜血，鲜血染红了山岩。悲痛的玉翠看着心爱的人永远离开了自己，她凝成了一座雪峰矗立在那里。这就是关于红星岩的凄美的爱情故事。

　　红星景观海拔较高，以第四纪冰川作用形成的大量奇峰异石地貌景观和冰川堰塞湖为其显著特色，由于人迹罕至，更增添了几分神秘色彩。湖面呈不对称的五角星形，宁静秀丽，周围繁花似锦。

在其悬崖中部绝壁上有一处红色岩洞，像鲜血染红一般，其成因至今未知。每当风起云涌之时，岩洞隐没在云雾里，阳光照射时，却有一道红色的光芒冲破云雾时隐时现，诡谲奇幻。

四沟是一条开阔的古冰川沟谷。沟口一带为平坦开阔的洪积阶地，古色古香的深山小镇黄龙乡就位于这里。

黄龙乡是一个山区小镇，极具特色。平缓的山坡上镶嵌着一块块粉红色的荞麦田，路边是一片片碧绿的青稞地，圆木建成的围栏顺着弯弯曲曲的土路，一直通向远方的原始森林，民居吊脚楼错落有致地分布在路旁，在煮奶茶的淡蓝色烟雾中，牛群、羊群时隐时现。

沟内的主要自然景观，是第四纪冰川遗迹和原始森林。沟源头由奇异多姿的冰蚀地貌及近代地震灾害景观组成。一个个突然塌陷的巨大山地台阶，猛烈崛起的岩石断层，无不令人触目惊心。

除此之外，沟内还有高山荒漠景观，形同高原上的戈壁滩。它们

都是远古剧烈的喜马拉雅造山运动留下的遗迹。

戈壁滩分水岭上是广阔的高山草甸牧场。站在分水岭上，可俯视九寨沟源头多姿的冰川堰塞湖及无垠的原始森林。古时候川西北著名的"龙安马道"就经过这里，沟内至今仍留有宽阔的古代马道。

牟尼沟位于松潘县城西南，有扎嘎瀑布和二道海两个景观。它集九寨沟和黄龙之美，却更为原始清净，而且无冬季结冰封山之碍。山、林、洞、海等相映生辉，林木遍野，大小海子可与九寨沟的彩池媲美，钙化池瀑布可与黄龙瑶池争辉。

扎嘎瀑布是一座多层的叠瀑，享有"中华第一钙华瀑布"的美誉。瀑布高93米，宽35米至40米，湖水从巨大的钙化梯坎上飞速跌落，气势磅礴，声音可以传送至5千米以外。

整个瀑布有3个台阶，第一个台阶中间有一水帘洞，洞内大厅高6米，面积约50平方米，厅内钟乳石遍布，似宝塔、似竹笋，玲珑剔透，形状逼真。

上百个层层叠叠的钙华环型瀑布玉串珠连，经三级钙华台阶跌宕而下，冲击成巨大钙华面而形成朵朵白花，瀑声如雷，声形兼备。在大瀑布第二阶的钙华壁上，有一个水帘洞，洞口水流飞挂，洞内气象万千。

溅玉台是一座圆形的平石台，当瀑布从高山绝顶往下倾泻，跌落在此平台时，立刻浪花飞溅，如同白玉。经过一段陡峻的栈道，可以到达瀑布中段的观景台，从这里往下俯视可以看到飞珠溅玉的溅玉台。离开观景台，栈道开始变陡。经过一段狂瀑，就到达札嘎瀑布的源头。

瀑布下游约4千米，流水随着地势落差形成环行彩池，池水从鱼鳞叠置的环行钙华堤坎翻滚下来，形成层层的环行瀑布，一池一瀑，蔚为壮观。

林中叠瀑下，台池层叠，溪谷幽深。从谷底沿栈道行走，可观赏到红柳湖、卧龙滩、绿柳等。

野鸭湖位于扎嘎森林腹地，是野鸭、野生灰鹤及各种水禽的乐园。每年都有大量候鸟飞来湖畔栖息，有的野鸭把这里当成了久居的家园。

古化石位于三联镇通往扎嘎瀑布和石林的入口一带。由于这里长期处于原始、封闭的状态，大量史前动植物化石和海洋生物化石没有

遭受任何破坏，这里成了研究古生物学的资料宝库。

月亮湖位于扎嘎沟原始森林中的螺蛳岭山腰处。湖水清澈见底，湖畔灌木丛生，山花灿烂。夜晚一轮弯月透过密林映入湖中，湖水呈宝石蓝色，幽静神秘，恍如仙境。

石林是古化石游道上最后一处景观。这里的石柱、石笋造型奇特，有的如亭亭玉立的少女，有的似勇猛的古代甲兵，有的像挺拔的松柏，更多的仿佛各种各样的动物，千姿百态，变幻莫测。

翡翠泉是我国十大名泉之一。当地人很早就发现泉水可以治病，一些患有胃病、关节炎的人常来此地取水，或饮用，或沐浴。翡翠泉被当地百姓视为"神泉"和"圣人"，不准任何人破坏。

据科研人员测定，翡翠泉水属低钠含锶的高碳酸泉，含有锌、锶等多种对人体有益的微量元素，不仅是符合国家标准的天然优质饮用泉水，而且还具有较高的医疗价值。

二道海和扎嘎瀑布仅一山之隔。二道海的名称据说来自小海子、

大海子这两个主要湖泊。

《松潘县志》中也有记载说，"二道海，松潘城西，马鞍山后，二海相连如人目"，因此叫作二道海。

二道海山沟狭长，长达5千米，中间有栈道相连。沿栈道上行，沿途可观赏到小海子、大海子、天鹅湖、石花湖、翡翠湖、人参湖、犀牛湖等，个个宛如珍珠、宝石。

湖水清澈透明，湖底钟乳与湖畔奇花异草、绿柳青树在原始密林的衬托下，经柔和的阳光普照，缤纷夺目，变幻万千。

夏秋季节，满湖开满洁白的水牵花，花海难分，极具特色。海与海之间由栈道连接，错综复杂，几座凉亭为二道海平添几分野趣。

自二道海上行有一棵古松，松下是一座温泉，名叫珍珠湖，又名煮珠湖，相传是九天仙女在这里煮珠炼泉营造出的祛病沐浴池。这里水温较高，即便是大雪冰封的严冬时节，水温也在25摄氏度左右。池边硫黄气味浓烈，常有人在此沐浴，据说能医治皮肤百病。

黄龙沟著名景观有黄龙涪源桥、洗身洞、金沙铺地、盆景池以及黄龙洞等。这些景观只是黄龙冰山一角，但已经令人目不暇接了。

涪源桥位于黄龙沟口西侧，因建于涪江源头而得名，是涪江源头第一桥。这里是一小型山间盆地，四周青山环抱，绿草如茵，涪江干流就是从这里蜿蜒东去的，消失在角峰层叠、万剑插空的丹云峰丛，非常壮观。

涪源桥整个桥体为木结构，建筑风格朴拙、雄浑。顺着用石板、原木铺成的栈道缓缓而上，呼吸着林中树木的馨香，伴着耳畔清脆婉转的鸟鸣，游人仿佛漫步在一座巨大的天然氧吧。

进入黄龙自然保护区，撩开松苍柏翠的帷帐，一组精巧别致、水质明丽的池群，揭开了黄龙自然保护区的序幕，这就是黄龙著名的迎宾池。

池子大小不一，错落有致，风姿绰约。四周山坪环峙，林木葱茏。春风吹拂之时，山间野花竞相开放，彩蝶舞于花丛，飞鸟唧啾嬉闹，

一派春意盎然的景象。山间石径，曲折盘旋，观景亭阁，巧添情趣。水池一平如镜，晨晕夕月，远山近树，倒映池中，相映成趣。

流辉池群面积8670平方米，有彩池160多个。池群在周围松柏的映衬和阳光的照耀下，映彩如辉，十分壮观。潋滟湖面积约2000平方米。湖水清澈如镜，水底藻类千姿百态，令人赏心悦目。

告别迎宾池，沿着曲折的栈道蜿蜒而上，但见千层碧水，冲破密林，突然从高约10米，宽60余米的岩坎上飞泻而来。

几经起伏，多次跌宕，形成数十道梯形瀑布。有的如珍珠断线，滚落下来，银光闪烁；有的如水帘高挂，雾气升腾，云蒸霞蔚；有的如丝匹流泻，舒卷飘逸，熠熠生辉；有的如珠帘闪动，影影绰绰，姿态万千，令人神往。

瀑布后面的陡崖，多是凝翠欲滴的马肺状和片状钙华沉积，色彩以金黄为主要基调，使整个画面显得富丽壮观。纵观全景，飞瀑处处，涛声隆隆，气势不凡。一早一晚，经过朝阳和落日的点染，钙华群从

不同的角度反射出不同的色彩，远远望去犹如彩霞从天而降，分外辉煌夺目，游人宛如置身于迷人的仙境中。

莲台飞瀑瀑布长167米，宽19米，落差高达45米。金黄色的钙华滩如吉祥的莲台，又似嬉水的龙爪，银色飞泉从钙华滩内的森林中直泻潭心，水声震耳，气势磅礴。

洗身洞位于黄龙沟的第二级台阶上。从金沙滩下泻的钙华流，在这里突然塌陷，跌落成一堵高10米，宽40米的钙华塌陷壁，它是目前世界上最长的钙华塌陷壁。奔涌的水流从堤埂上翻越而下，在壁上跌宕成一道金碧辉煌的钙华瀑布，十分壮观。

洗身洞洞口水雾弥漫，飞瀑似幕，传说是仙人净身的地方，入洞后方可修行得道。自明代以来，各地道教、藏传佛教的僧人，都要来这里沐浴净身，以感受天地灵气。

相传，本波教远古高僧达拉门巴曾在洞中面壁参禅，终成大道。所以，洗身洞还是本波教信徒心中的一大圣迹。

另外，据传说，不育妇女入洞洗身可喜得贵子。虽无科学道理，但常有妇女羞涩而入，以期生育。

金沙铺地距涪源桥约1338米。据科学家认定，金沙铺地是目前世界上发现的同类地质构造中，状态最好、面积最大、距离最长、色彩最丰富的地表钙华滩流。

这里最宽的地方约 122 米，最窄处约 40 米。由于碳酸盐在这里失去了凝结成池的地理条件，因此慢坡的水浪，在一条长约 13 米的脊状斜坡地上翻飞，并在水底凝结起层层金黄色钙华滩，好似片片鳞甲，在阳光照耀下发出闪闪金光，是黄龙的又一罕见奇观。

盆景池群面积 2 万平方米，有彩池 300 多个。池群形态各异，堤连岸接。池堤的大小、高低随树的根茎与地势的变化而各不相同。

池壁池底呈黄色、白色、褐色、灰色，斑斓多姿。池旁和池中，木石花草，千姿百态。有的如怪石矗立，有的如倒垂水柳，宛若一个个精妙奇绝的天然盆景。

明镜倒映池面积 3600 余平方米，有彩池 180 个。池面光洁如镜，水质清丽碧莹，倒映池中的天光云影、雪峰密林，镜像十分清晰。更有趣的是，同样的景物，在各个彩池中呈现的模样也各不相同，游人到此，临池俯照，整视容颜，情趣盎然。

这一个个明镜似的彩池，从各个角度将天地万物的面目展示得淋

漓尽致，观池水如同看到另一个世界，一种空灵、隽永的意境油然而生，神秘而惊艳。

娑萝映彩池的面积为 6840 平方米，由 400 多个彩池群组成。娑萝就是杜鹃花，藏族人称作格桑花，羌族人称作羊角花，彝族人称作胖婆娘花。

据植物学家调查，黄龙的杜鹃花品种繁多，花色花形异彩纷呈。有烈香杜鹃、头花杜鹃、秀雅杜鹃、黄毛杜鹃、青海杜鹃、大叶金顶杜鹃、雪山杜鹃、无柄杜鹃、山光杜鹃、红背杜鹃、凝毛杜鹃等。

春末夏初，杜鹃花盛开，白色、红色、紫色、粉红等五彩纷呈，花色与水色交相辉映，诗情画意伸手可掬。

龙背镏金瀑瀑布长 84 米，相对高差 39 米。宽大的坡面上钙华呈鳞状层叠而下，形成一道形状奇异的玉垒，一层薄薄的水被流淌在坡面上，阳光下水被荡漾起银色涟漪，远远看去宛如一条金龙的脊背。

这处景观的色彩以金黄为主，中间零星散落着乳白、银灰、暗绿等色块，生长在钙华流上的簇簇水柳、山花，像河中停泊的彩船，动静相宜，别具特色。

争艳池面积2万平方米，由658个彩池组成，是目前世界上景象最壮观、色彩最丰富的露天钙华彩池群。由于池水深浅各异，堤岸植被各不相同，因此，在阳光的照射下，整个池群一抹金黄、一抹翠绿、一抹酒红、一抹鲜橙，争艳媲美，各领风骚。

走过争艳池，蓦然回首，人们会惊讶地发现，身后一座巨大的山梁，顿时化作了一位美丽的藏族姑娘。蓝天白云之下，她静静地躺在群山怀抱里，身着藏族长裙、头佩饰物，头、胸、腹及腰身都惟妙惟肖，甚至挺拔的鼻梁、微笑的嘴唇也清晰可见。

气质非凡的"藏族姑娘"，就像一位在云中驰骋的仙女，累了之后安详地静卧在林海雪原之中。

宿云桥是黄龙沟内的道教文化遗址。桥畔常年云雾缭绕，传说曾有修行之人在此桥夜宿，梦中得道，羽化登仙，故又称为迎仙桥。

接仙桥也属道教文化遗址。传说有虔诚的朝圣踏上此桥，便听见天际传来袅袅仙乐。过桥后，又看见许多仙人在彩池边舞蹈，七色祥云中，仙人们迎接他进入了瑶池仙境。

玉翠彩池是钟灵毓秀的大自然在这里留下的一块神奇的宝石。过了接仙桥，在迂回的山道旁，一汪碧玉似的湖水突然映入游客的眼帘，湖水颜色浓艳而透明，顿使人情绪高昂，忘记了登山的疲乏。

来到水边，会发现池水的奇妙：同一池水，色彩随人的位置不同而千变万化，或墨绿，或黛蓝，或赤橙，宛如一块露出地面的翡翠，晶莹剔透，闪烁着灵动的光芒，玉翠彩池因此而得名。

两海是黄龙自然保护区内唯一被称作"海"的两个彩池。它们一大一小，相距数米，大的形似簸箕，小的状如马蹄。两海静静地隐匿于林荫之中，显得恬静妩媚。它们为什么被称为"海"，至今仍未被考证出来，这似乎又为黄龙抹上了一笔神秘的色彩。

黄龙寺占地千余平方米，属道教观宇。据《松潘县志》记载："黄龙寺，明兵马使马朝觐所建，也名雪山寺。"传说中的黄龙真人就在这座古寺中修炼，并得道成仙。

在古时洪水滔天，大地变为一片汪洋。大禹为治水沿岷江向上，察视江源，来到汶川县的漩口、映秀之间的江岸，早有9条神龙，合计投奔大禹王；求其封位，助禹治水。

9条神龙见到禹王察视江源，认为正是好机会，就一同约定去拜见禹王。就在相遇的地方，9条龙卧地叩头朝拜。

大禹王突然见9条大虫在前进的道上拦阻，一时惊恐，喊出声："蛇！蛇！蛇！"

为首的一龙听到被称为虫类，一气之下便死去了，其他的龙掉头而走，黄龙当时就在卧龙身后，它受惊往回跑，一直沿岷江跑到源头，腾飞在雪宝顶之上空，蓄意发起怒火，对大禹进行报复。

大禹王看到9条龙已经逃走了，就继续视察江源。

一天，禹王来到了茂州这个地方，江面上突然卷起一层黑浪，想要将大禹所乘坐的木舟掀翻，就在这千钧一发之际，突然从江面飞来金光四射的黄龙，与黑风展开了一场生死的搏斗，黄龙获胜，背着大禹所乘坐的木舟，帮助禹王到了岷江之源。

本来是黄龙正想要报复禹王，没想到忽然看见茂州的江中黑风妖有意想要谋害禹王，于是黄龙变报仇为报恩，战败了黑风妖，助禹治水。

后来，大禹治水成功，向天地祷告，赞黄龙助他治水有功，求封为天龙。黄龙谢封，不愿升天，它留恋这岷山源头，躲藏进原始森林中去了。人们修庙纪念，故得名黄龙寺。这里人们至今歌颂他不记私仇，顾大局，为民造福的美德。

黄龙寺随山就势而造，宏伟壮观。飞格斗拱，雕梁画栋，富丽堂皇。原有前、中、后三寺，殿阁相望，各距五里。现前寺已毁，只剩下一副著名的楹联供后人凭吊：

> 玉嶂参天，一径苍松迎白雪；
> 金沙铺地，千层碧水走黄龙。

寺门绘有彩色巨龙，楣上有一古匾，正面书写"黄龙古寺"，左面书写"飞阁流丹"，右面书写"山空水碧"，书法端庄，气势雄浑，堪称一绝。

门前也有一副楹联是"碧水三千同黄龙飞去，白云一片随野鹤归来"，体现着道家天人合一、顺其自然的恬淡风格。

黄龙寺前面，有近万平方米的开阔地，每年都要举办庙会。黄龙古寺是考察川西藏民族历代道教文化演变的重要遗址，也是追溯川西北高原大禹治水史迹的重要佐证。

黄龙洞位于黄龙古寺山门左侧10米处。高30米，宽20米，洞深至今无法考证。黄龙洞又称归真洞、佛爷洞，传说是黄龙真人修炼的洞府。在这里，真人、佛爷合二为一，道教、佛教融为一体，是我国宗教罕见的珍品。

黄龙洞洞口仅两米见方，垂直下陷，游人需借助数十级木梯才可下行。春天百花盛开，洞口掩映在一片花海之中。洞口边有一株青松，鳞干遒劲，枝柯盘曲。冬天，大地一片银装素裹，青松俨然如一条随时准备腾空而起的银龙。

黄龙洞其实是一处地下溶洞，洞内幽静，只听见弹琴般的滴水声

和地下河低沉喑哑的流动声，它们彼此唱和着，仿佛一曲远古传来的背景音乐。溶洞内钟乳石比比皆是，给人以神秘而圣洁的感觉。

3块天然形成的钟乳石，如盘膝打坐的3尊佛像，伴着宝莲神灯，正在面壁修行。传说这3尊佛像是黄龙真人与他两个徒弟的肉身所化。黄龙真人与徒弟修炼成仙，即登天庭之时遗下肉身在此盘膝打坐，以引导有缘道人。据传说，每逢庙会，佛像胸口还有热气冒出。

洞顶有天然形成的两条飞龙，形象逼真、线条流畅。洞壁还有许多菩萨影像，形神皆备，惟妙惟肖。整个溶洞，密布着无数的石幔、石瀑、精巧玲珑，色泽晶莹，神妙莫测，引人遐想无限。

黄龙洞洞顶时有水珠滴下，传说此水是龙宫酒池溢出的玉液琼浆，饮后可治百病，常饮可长生不老，因此当地藏族同胞经常来这里接水饮用。也有传说，这水是黄龙真人精气所化，神水能辨善恶。善良的人，久淋不湿衣；邪恶的人，稍经水滴便衣衫尽湿。

洞内绝壁处有一条阴河，河水深不可测。据《松潘县志》记载：清同治四年，有远道而来的喇嘛前来归真洞内拜见真人，临走时，将僧帽失落在河中。几个月后，僧人的帽子在距此56千米处的松潘县城南观音崖鱼洞中浮出，由此可以窥见黄龙洞阴河之长。

五彩池面积约2万平方米，有彩池693个，是黄龙沟内最大的一个彩池群。池群由于池堤低矮，汪汪池水漫溢，远看去块块彩池宛如片片碧色玉盘，蔚为奇观。在阳光的照射下，一个个玉盘或红或紫，浓淡各异，色彩缤纷，令人叹为观止。

隆冬季节，整个黄龙玉树琼花，一片冰瀑雪海，唯有这群海拔最高的彩池依然碧蓝如玉，仿佛仙人撒落在群山之中的翡翠，诡谲奇幻，被誉为黄龙的眼睛，是黄龙沟的精华所在。

五彩池中，有一座石塔，据考建于明代，相传是唐代开国功臣程咬金的孙子程世昌夫妇的陵墓。石塔现在大部分已被钙华沉淀埋没，只留下两对石塔尖和翘檐石屋顶静立于碧蓝的水中，给人一种久远、神秘的感觉。

五彩池10米外有一座转花池，藏匿在高山灌木群的绿荫之中，数股泉水从地下涌出，在池面形成无数的波纹，若有人向池中投入鲜花、树叶，它们便会随着不同节奏的涟漪朝不同的方向旋转起来，十分奇异。偶而又会有两朵鲜花合上了同样的节奏，朝着相同的方向旋转在一起，其原因至今未明。

黄龙庙会期间，许多青年男女来这里投花、投币，以占卜爱情的成败，把转花池围得水泄不通，十分热闹。

映月彩池池边的丛林随季节的变化而四季各异，春夏清姿雅赏；入秋红晕浮面，为景区平添了不少情趣。夜晚，月池中万籁无声，一阵清风拂过，细碎的光影如月中的桂花洒落，清香缕缕。良辰美景融为一体，恍若人间天堂。

传说嫦娥在此沐浴时曾留下姻缘线，人们若有兴趣，可默祷静心后，将手探入池中，如遇到有缘人，必能心灵感应，喜结良缘。

知识点滴

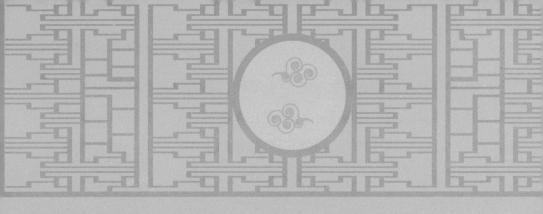

野生动植物生长的理想地

黄龙自然保护区山高谷深，原始林十分广茂，是大熊猫等众多野生动物理想的栖息环境。

保护区内野生动物资源十分丰富，种类繁多。其中兽类 71 种，鸟类 183 种，爬行类 12 种，还有两栖类、鱼类等。

　　属国家一级保护的有大熊猫、金丝猴、牛羚、云豹、绿尾虹雉、斑尾榛鸡等9种；属二级保护的有小熊猫、大灵猫、猞猁、兔狲等21种，有的为当地特有种群。

　　黄龙自然保护区是四川省自然保护区中兽类种类较多的保护区之一。保护区生态系统复杂多样，生境多样性很高。其境内自然条件优越，山体高大、河谷深切，海拔跨度大。区内生境按照动物的栖息地类型大致可分为8种。

　　从下至上分别为常绿阔叶林、低山次生灌丛、针阔混交林、针叶林、高山灌丛草甸，另外还有溪流和裸岩。

　　一般情况下，由于常绿阔叶林生境多样性高，食物丰富，因而哺乳动物种类最丰富。其次是低山次生灌丛，然后依次是针阔混交林、针叶林、高山灌丛草甸。在裸岩和溪流生境中哺乳动物种类最少。

　　由于常绿阔叶林地处低海拔地带，人类活动频繁，破坏严重。因而，处于原始状态的常绿阔叶林很少，而是多处于次生状态，而且面积小，故哺乳动物中的大中型动物偶尔下到低海拔的常绿阔叶林中。

　　常绿阔叶林仅分布在保护区的东面，而且呈零星分布，所有动物都不是栖息于某一类生境，而是随着季节变化，或者食物、求偶原因等会迁徙到其他生境活动。说它们栖息于某种生境，仅仅是认为它们主要活动于该类生境。

常绿阔叶林中小型动物中主要有长吻鼩、岩松鼠、巢鼠、高山姬鼠、大耳姬鼠、龙姬鼠、白腹鼠、社鼠、黑腹绒鼠、甘肃绒鼠、普通竹鼠、四川林跳鼠、豪猪等；大中型动物中，豺、赤狐、黑熊、黄喉貂、黄鼬、猪獾、毛冠鹿、水鹿、苏门羚等。

在低山次生灌丛生境中，小型动物是主要栖居者。低山次生灌丛多为人类破坏后演替形成的，人类活动频繁，大型动物很难找到适宜的隐蔽场所。在黄龙自然保护区，低山次生灌丛主要分布于公路两旁、各条山沟的沟谷及保护区边缘与社区接壤地带。

针阔混交林是黄龙自然保护区主要生境之一，分布于区内 2.4 千米至 3.6 千米之间。生境多样性较高，植物种类复杂，层次丰富，这也是哺乳动物较为理想的生境。

在常绿阔叶林中分布的动物几乎都可分布于针阔混交林中，除此

以外，由于适中的海拔、良好的隐蔽场所，许多大中型兽类常活动于此，如猕猴、金丝猴、黑熊、大熊猫、金猫、豹、云豹、牛羚等。

针叶林是保护区又一主要生境，分布于 3.6 千米至 4.1 千米之间，植物多样性较低，树种较单一，层片较单调，由于生境下层透光度较差，灌木、草本植物生长受到影响，再加上海拔较高，水热条件较差，生境多样性不高。

林麝、马麝、马熊、牛羚、兔狲、猞猁、大熊猫等都可栖息于该生境中。在腐殖质较厚的生境中，食虫类和鼠兔类也较常见，如藏鼠兔、间颅鼠兔等。

高山灌丛草甸生境在林线以上，区内以金露梅和杜鹃灌丛为主。它的主要特点是干旱、寒冷，主要有古北界高地型、中亚型动物，它们是北方动物向南迁徙而形成的种群，都耐干旱和寒冷。

这里常见的哺乳类有鼠兔类、高原兔、松田鼠、高原松田鼠、四川田鼠、喜马拉雅旱獭、马麝及一些以鼠兔、田鼠为食的中小型食肉动物，如香鼬、兔狲、猞猁、狼、赤狐、藏狐、金猫等。岩羊也经常下到高山草甸觅食。

裸岩生境是一些动物临时的栖息地，它们不能在该类生境中完成生命的全过程，在裸岩生境中栖息的动物有岩羊、猕猴、金丝猴等。

保护区内有国家一级保护鸟类绿尾虹雉、雉鹑、斑尾榛鸡；二级保护鸟类鸢、雀鹰、苍鹰、血雉、藏马鸡、红腹角雉、蓝马鸡、勺鸡、红腹锦鸡等。

属于我国特产鸟类有20种，即斑尾榛鸡、雉鹑、绿尾虹雉、藏马鸡、蓝马鸡、血雉、红腹锦鸡、棕背黑头鸫、大噪鹛、山噪鹛、斑背噪鹛、橙翅噪鹛、高山雀鹛、白领凤鹛、棕头鸦雀、三趾鸦雀、白眶鸦雀、白眉山雀、黄腹山雀、红腹山雀、银脸长尾山雀、酒红朱雀。

从分布环境上看，主要活动在森林、灌丛的鸟类有163种，主要活动在高山草甸生境的鸟类有11种，水域鸟类有12种。

保护区内鉴定到属种的昆虫有196种。其中鳞翅目、鞘翅目、膜翅目和双翅目昆虫共有45科。鳞翅目科数最多，有21科，其次为鞘翅目，有11种。从种的数量上看，鳞翅目最多，有95种，其次为鞘翅目35种，双翅目32种，膜翅目21种。

由于保护区的特殊地理环境，昆虫的垂直分布随植被带的垂直分布变化这一特点非常明显。昆虫的

垂直分布规律和特点，取决于立地条件和昆虫本身对环境的适应与占领能力。

自然保护区分布有两栖纲动物、爬行动物共 18 种。西藏山溪鲵在保护区内分布范围最广，不论是海拔较高的淘金沟、上游主河道，还是海拔较低的西沟、下游主河道均可采集到该种类。

另一分布较广的种类为林蛙，在黄龙保护区附近和黄龙乡附近及西沟都采集到了大量林蛙标本。其他两栖爬行物种则分布范围较小，尤其是爬行动物，仅仅分布在黄龙乡的保护区内。

黄龙自然保护区内植被类型异常复杂，基本上可以包括阔叶林、针叶林、灌丛、草甸及流石滩植被等各种类型。在河谷两旁或山凹的潮湿地段可以看到成片的落叶阔叶林，树种主要为桦木和杨柳等。

针阔混交林垂直分布于海拔 2.4 千米至 3.2 千米地带，保护区内的常绿针叶林分布非常广，组成树种以松树、云杉、冷杉及柏木为主。区内杜鹃、绣线菊和高山柳非常丰富，构成大面积的高山灌丛。

保护区内的亚高山落叶阔叶林属于寒温性针叶林，分布在海拔2.9千米至3.8千米，包括桦木林、杨柳林、沙棘林以及黄龙河谷落叶阔叶林。

桦木林包括糙皮桦林和白桦林。糙皮桦林主要分布在山凹土壤比较潮湿的地方，海拔在3.8千米以下，直达山谷边，呈块状分布。群落外貌呈绿色，林冠参差不齐，结构简单。

糙皮桦的树高可达近20米。乔木层中糙皮桦的优势很明显，只是在群落边缘多渗入一些椴树、紫果云杉、岷江冷杉等植物，它们高于糙皮桦，属伴生种。

白桦林在保护区内呈斑块状分布于海拔3千米至3.3千米的山凹中或其边缘的阴坡上。群落外貌呈暗绿或黄绿色，林冠较整齐，树高可达15米。

白桦林结构简单，除白桦为乔木层的建群树种外，还常有其他桦木、云杉、冷杉、松树与其伴生，林下植物组成与糙皮桦林相似。

杨柳林中的青杨，是亚高山针叶林和针阔混交林常见的树种，它具有速生、耐旱和种子容易传播的特性，对土壤的要求也不太严格。当亚高山针叶林和针阔混交林被砍伐后，青杨能迅速占领这些旷地而成林，所以它主要分布于华山松、糙皮桦次生林下缘。

青杨林垂直分布海拔为 2.9 千米至 3.2 千米，呈块状分布。群落外貌呈浅绿色，林冠参差不齐。青杨为群落的建群树种，平均树高 8 米。糙皮桦、华山松、黄果冷杉能在不同海拔高度的青杨林中出现，成为青杨林的伴生树种。低海拔的青杨林中可见紫果云杉。

沙棘林主要分布在黄龙沟河谷两旁的山坡上，海拔在 2.6 千米至 3.2 千米，面积较大。群落外貌呈灰绿色，林冠整齐。沙棘为乔木层的建群树种，高约 4 米至 6 米。

在沙棘林中常伴生有多种柳，与沙棘几乎同高。沙棘林下灌木主要为蔷薇、枸杞子、珍珠梅、绣线菊和忍冬等。

川鄂柳、青榨槭和沙棘为共建种的河谷落叶阔叶林，主要分布在

保护区内西沟、淘金沟的河谷两旁。由于水量充沛，土壤湿润，该群落结构复杂。

群落外貌呈黄绿色，林内光亮透明，树高均在 4 米至 7 米。林下灌丛植物主要有忍冬、胡枝子、金露梅及楤木等。林中有时夹杂着几棵山桃、杏、勾儿茶及野樱桃等。

松科植物在黄龙自然保护区的分布比较广，位于海拔 3.2 千米至 4 千米的山坡上，种类组成主要包括华山松、红杉等。华山松主要分布于额溪沟一带，既有次生林，也有原始林。

树种比较单一，群落外貌呈葱绿色，层次明显，结构简单。华山松树最高可达 15 米，树干挺直。

在低海拔的山坳处，由于土壤比较潮湿，便夹杂着少量的白桦、红桦、糙皮桦、山杨等阔叶树种。华山松的原始林分布海拔较高，林内明亮、透光，平均树高 20 米。

红杉林在保护区内下渡沟的局部山坡上分布，海拔为 3.6 千米至 3.9 千米。上限为小叶类杜鹃灌丛、高山栎类灌丛或高山草甸，下限为紫

果云杉、冷杉。

与红杉林平行的山坳中，偶尔出现红桦、糙皮桦类阔叶林树种，有时红杉林中又伴生着冷杉、紫果云杉或华山松等针叶树种。

它的群落外貌呈翠绿色，结构简单，林内明亮，红杉高 20 米至 30 米，胸径可达 0.4 米。

林下灌木主要有高山绣线菊、黄背栎、糙皮桦、陇塞忍冬、西南花楸、散生枸子、峨眉蔷薇、淡黄杜鹃等。草木层植物丰富度一般，主要是羊茅、圆穗蓼、凤毛菊、苔藓和蕨类等。

云杉林在保护区内的分布比较广，处于海拔 3.7 千米至 4.4 千米的山坡上，种类组成主要包括紫果云杉等。紫果云杉林在保护区内的分布比较广泛，海拔 3.6 千米至 4.1 千米间均有分布，并呈疏林或块状分布。群落外貌呈深绿色，林冠整齐。

林下草本层植物种类丰富，其常见植物种类有猪芽蓼、苔草、蒿草、粗齿冷水花、直梗高山唐松草、银莲花、碎米荠蕨类等。

冷杉林中的黄果冷杉林，是青藏高原东南边缘、横断山脉中南部高山峡谷区主要针叶林型。它在黄龙分布比较分散，一般出现在海拔3.7千米至4.1千米的山坡上。群落外貌呈绿色，林冠整齐，结构简单，层次明显。

乔木层混有少量的红杉、紫果云杉等。其草本层植物主要包括钉柱委陵菜、缘毛紫菀、金毛铁线莲、独叶草、大车前、毛子草、淡黄香青、车前、叶垂头、刺参、球花蒿等。

柏树林中的方枝柏林在黄龙自然保护区分布于海拔4千米至4.5千米的阳坡上，上限接高山桦树林，下缘接冷杉林或云杉林。群落外貌呈灰绿色，林木稀疏，乔木树种单一，结构简单。

方枝柏平均高为10米左右。林中渗入少量香柏，呈灌丛状分布。林下灌丛，主要是大白杜鹃，平均高达三米，也有少量忍冬、花楸、绣线菊及小檗类植物等。

其草本层植物种类丰富，除了禾草和莎草外，还有较多的委陵菜、毛茛、凤毛菊、草莓、鸢尾、蓼、苔藓等。

在保护区灌丛主要有三类，即常绿阔叶灌丛、落叶阔叶灌丛、常绿针叶灌丛。

淡黄杜鹃和光亮杜鹃为共建树种的常绿阔叶灌丛，分布在保护区内海拔为 4.3 千米的山坡上。该群落在每年 6 月份开花，外貌呈灰黄蓝色，丛冠整齐。

其草本层植物种类丰富，主要包括刺参、狼毒、圆穗蓼、珠芽蓼等和毛茛、禾草、委陵菜类植物。

常绿阔叶灌丛中的紫丁杜鹃灌丛，主要分布在海拔 4.5 千米至 4.8 千米的阴坡。紫丁杜鹃群落外貌呈灰绿色，灌丛低矮密集。

在保护区内，落叶阔叶灌丛中的窄叶鲜卑花灌丛主要分布于海拔 4.4 千米至 4.7 千米的阴坡和宽谷地带，生长地区土壤深厚、湿润。群落外貌呈红绿色，丛冠较整齐，丛内结构简单密集。

窄叶鲜卑花为灌木层的建群种高 0.7 米至 1.2 米。一般其灌丛多夹杂一些绣线菊、忍冬、锦鸡儿和多种柳类灌木。草本植物种类多，主要植物种类组成为羊茅、细柄茅、垂穗披碱草、草玉梅等。

落叶阔叶灌丛中的金露梅、高山绣线菊灌丛，主要见于保护区内海拔 4 千米至 4.6 千米的高山、高原地带，多呈零星块状分布。群落外貌绿色或深绿色，矮小且呈团状，丛高常在 1 米以下，高山绣线菊的枝条常高于灌丛。

灌木层中除了以金露梅、高山绣线菊藻丛为优势种外，有时还夹杂一些细枝绣线菊、小叶杜鹃和多种锦鸡儿、高山柳等。

草本层植物多属耐旱植物，如红景天，它与圆穗蓼一起构成该层的优势树种。香柏林下草本层种类丰富，主要包括矮生蒿草、多茎委陵菜、迭裂银莲花、披针叶黄华、菊草、报春、百合类等。

在保护区内分布在较高的山顶上，海拔 4.5 千米以上，土壤为草甸土，而且多砾石，表层草根紧密盘结，通气与透水性差。群落特点表现为草群低矮，分层不明显，以地面芽密丛性的羊茅为优势种草，其次为四川蒿草。

保护区内的草甸主要分布在海拔 4.4 千米至 4.6 千米的宽谷、阶地、山坡上，面积不大，并在下限与森林连接或呈犬牙交错之态。

草层低矮密集，分层明显，种类组成较为简单，为 35 种，以高山蒿草为优势种；其次是四川蒿草、矮生蒿草等。另外，常见的植物主要有苔草、毛茛、禾草、凤毛菊、橐吾、香青类等植物及圆穗蓼、珠芽蓼、独一味等。

在黄龙自然保护区的海拔 4.5 千米至 4.7 千米的山坡上，分布有淡黄香青和坚杆火绒草为优势种的高山杂类草甸，面积不大，其下缘主要是小叶类杜鹃灌丛。

组成该群落的植物种类较多，有五十多种，除优势种淡黄杜鹃和坚杆火绒草，还有条叶银莲花、鹅绒委陵菜、羊茅、矮生蒿草、圆穗蓼、珠芽蓼、东俄洛橐吾等以及马先蒿、龙胆、报春、鸢尾类植物。草丛低矮，群落分层不明显。

在黄龙自然保护区，海拔在 4.7 千米以上的部分高山顶上，常分布有局部的高山流石滩植被。组成该类型的植物以主根型为主，不少地下部分远远超过地上部分，甚至可达 10 倍左右。其次，丛生、垫状、鳞茎等类型均有一定数量。

在流石滩内常见的植物有鼠麴凤毛菊、长叶凤毛菊、水母雪莲花、红景天、垫状点地梅、线叶苁菔、红茎虎耳草、甘肃蚤缀等。

在流石滩下部边缘还有高山草甸植被，如高山蒿草、羊茅、川滇橐吾、垫状女娄菜，以及苔草属、葱属等。在缓坡、洼地，雪茶、地衣等常形成小群聚。在海拔高处也可见黄地衣的分布。

黄龙自然保护区是天然动植物种资源的绿色宝库。许多动植物具有重要的科研和经济价值。各种动植物与黄龙自然保护区的特殊岩溶地貌与珍稀动植物资源相互交织，浑然天成。

金丝猴的珍贵程度与大熊猫齐名，同属"国宝级动物"。

它们毛色艳丽，形态独特，动作优雅，性情温和，深受人们的喜爱。金丝猴群栖高山密林中。主要在树上生活，也在地面找东西吃。以野果、嫩芽、竹笋、苔藓植物为食。主食有树叶、嫩树枝、花、果，也吃树皮和树根，爱吃昆虫、鸟和鸟蛋。吃东西时总是显得那么香甜。

金丝猴具有典型的家庭生活方式，成员之间相互关照，一起觅食、一起玩耍休息。

知识点滴

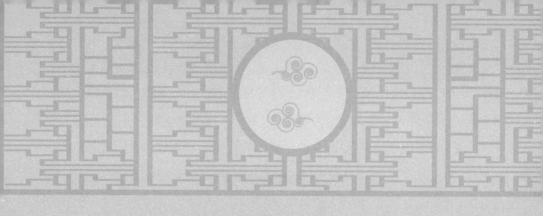

具重要保护价值的自然遗产

　　黄龙自然保护区规模大、类型多、造型奇、景观美、生态完整，具有科学和美学等重要保护价值。

　　黄龙自然保护区自然遗产价值主要表现在巨型地表钙华景观、过渡型的地理结构、最东冰川遗存、高山峡谷江源地貌、生物物种资源

宝库、优质的矿泉和浴泉等。

黄龙的巨型地表钙华景观成为我国自然遗产一绝。黄龙自然保护区的主要景观是地表钙华群，它们规模宏大、类型繁多、结构奇巧、色彩丰艳。

黄龙自然保护区内高山摩天，峡谷纵横，莽林苍苍，碧水荡荡，其间镶嵌着精巧的池、湖、滩、瀑、泉、洞等各类钙华景观，点缀着神秘的寨、寺、耕、牧、歌、舞等各民族乡土风情。

这些奇特的自然景观，景类齐全，景色特异，在高原特有的蓝天白云、艳阳骤雨和晨昏时光的烘染下，呈现出神奇无穷的天然画境。

保护区内的钙华景观分布集中。例如，在全区广阔的碳酸盐地层上，钙华奇观仅集中分布在黄龙沟、扎尕沟、二道海等4条沟谷中，海拔3千米至3.6千米高程段。

保护区内黄龙沟、二道海、扎尕沟分别处于钙华的现代形成期、

衰退期和蜕化后期，给钙华演替过程的研究提供了完整现场。

过渡型的地理结构为探索自然奥秘提供了依据。黄龙自然保护区在地理空间位置上处于单元间的交接部位。在构造上，保护区位于扬子准台地、松潘、甘孜褶皱系，与秦岭地槽褶皱系 3 个大地构造单元的结合部。

在地貌上，它属我国第二地貌阶梯坎前位，青藏高原东部边缘与四川盆地西部山区交接带。在水文上，它是涪江、岷江、嘉陵江三江源头分水岭。

在气候上，它处于北亚热带湿润区与青藏高原和川西湿润区界边缘。在植被上，它处于我国东部湿润森林区向青藏高寒、高原亚高山针叶林草甸草原灌丛区过渡带。动物群落也处于南北区系混杂区。

保护区被东西向雪山断裂、虎牙断裂和南北向岷山断裂、扎尕山断裂，交叉切错。而且黄龙本部与牟尼沟在岩性、层序、沉积等古地理条件和地层构造、构造形迹上均有较大差异。

这种空间位置的过渡状态，造成自然环境的复杂性，为各学科提供了探索自然奥秘的广阔天地。

黄龙自然保护区是我国最东部的冰川遗存地。海拔 3 千米以上的黄龙自然保护区留有清晰的第四纪冰川遗迹，其中以岷山主峰雪宝顶地区最为典型。它的特点是类型全面，分布密集，最靠东部。

这一地区山高地广，峰丛林立，仅海拔 5 千米以上高峰就达 7 座，其中分布着雪宝顶、雪栏山和门洞峰 3 条现代冰川，这一区域成为我国最东部的现代冰川保存区。这一地区主要冰蚀遗迹有角峰、刃脊、冰蚀堰塞湖等。

主要冰碛地貌有终碛、中碛、侧碛、底碛等，分布在各冰川谷中，其中终碛主要分布高程约为 3 千米至 3.1 千米、3.6 千米至 3.7 千米、3.8 千米至 3.9 千米。总之，这里的现代冰川和古冰川遗迹与钙华之间的关系，都具有重要的科研价值。

高山峡谷形成独特的江源地貌。黄龙自然保护区地貌总体特征是

山雄峡峻，角峰如林，刃脊纵横；峡谷深切，崖壁陡峭；枝状江源，南直北曲。这里高程范围大多数是冰蚀地貌，气势磅礴，雄伟壮观。

保护区的喀斯特峡谷也比较多见，这些喀斯特峡谷空间多变，崖峰峻峭，水景丰富，植被繁茂。依谷底形态分，有丹云喀斯特溪峡、扎尕钙华森林峡和二道海钙华叠湖峡等数种。

黄龙自然保护区境内涪江江源为一个主干东西树枝状水系，上游河床宽平，下游峡谷深曲，南侧支流平直排列，北侧支流陡曲排列，形成上宽下深、南直北曲的独特江源风貌。

黄龙自然保护区具有优质的矿泉和浴温。矿泉水主要出自牟尼沟。经国家有关部门鉴定，这里的水质富含锶、二氧化碳，是优质天然饮用矿泉水。

此外，在牟尼沟的二道海沟，还有一处温泉群，水温在 22 摄氏度左右，喷出的水柱近半米高，每升含硫 0.16 毫升，更是优质的药用浴泉。

知识点滴

黄龙自然保护区内主景沟是一条浅黄色地表钙华堆积体，形似一条金色的巨龙。钙华体上，彩池层叠，飞瀑轰鸣，流泉轻唱，奇花异草，古木老藤点缀其间，大熊猫等珍稀动物常有出没。还有保护区的 3400 多个钙华彩池在阳光照射下，一尘不染，流光溢彩。

在黄龙沟区段内，同时组接着几乎所有钙华类型，并巧妙地构成一条金色巨龙，翻腾于雪山林海之中，实为自然奇观。

湖南

武陵源风景名胜区位于我国湖南省张家界市与慈利、桑植两县交界处。

武陵源的景观类型主要为砂岩峰林景观,次为灰岩喀斯特溶洞景观、灰岩喀斯特峡谷景观、高山湖泊景观和人文景观等。这里集"山俊、峰奇、水秀、峡幽、洞美"于一体,到处是石柱石峰、断崖绝壁、古树名木、云气烟雾、流泉飞瀑和珍禽异兽,风光秀美,堪称人间奇迹,鬼斧神工,生态价值极高,是世界自然遗产的宝贵财富。

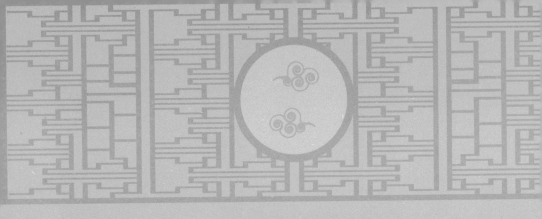

奇特瑰丽的地质地貌

　　武陵源自然保护区的地质地貌以规模大、造型奇、景观美、生态完整、科学价值和美学价值高等特点而闻名，具有重要的保护价值。

　　武陵源峰林造型景体完美，像人、像神、像仙、像禽、像兽和像物，变化万千。

武陵源石英砂岩峰林地貌的特点，属于层状层组结构，即厚石英砂岩夹薄层和极薄云母粉砂岩或页岩，这一组成结构，有利于大自然的造型雕塑。岩层裸露平缓，增加了岩石的稳定性，为峰林拔地而起提供了先决条件。

武陵源岩层垂直节理发育还显示出等距性特点，节理间距一般在15米至20多米，为塑造千姿百态的峰林地貌和幽深峡谷提供了条件。

基于上述因素，加之地壳在区域新构造运动的间歇抬升、倾斜、流水侵蚀切割、重力作用、物理风化作用、生物化学等多种外营力的作用下，这里的山体按复杂的自然演化过程形成峰林，显示出高峻、顶平、壁陡等特点。

武陵源石英砂岩质纯、石厚，石英含量高，岩层厚，为国内外所罕见，极具独特性。

武陵源石英砂岩峰林地貌，是在晚第三纪地质年代以来漫长的时

间里，由于地壳缓慢产生的歇性抬升，经流水长期侵蚀切割的结果。它的发展演变，经历了平台方山、峰墙、峰林、残林4个主要阶段。

石英砂岩峰林地貌形成的最初阶段，为边缘陡峭、相对高差几十米至几百米，顶面平坦的地貌类型，顶面由坚硬的含铁石英砂岩构成，如天子山、黄石寨、鹞子寨等处的平台方山地貌。

随着侵蚀作用的加剧，沿岩石共轭节惠中发育规模较大的一组世理形成溪沟，两岩石陡峭，形成峰墙，如百丈峡即属此类型。

流水继续侵蚀溪沟两侧的节理、裂隙，形成峰丛，当切割至一定深度时，则形成由无数挺拔峻峭的峰柱构成的峰林地貌。如十里画廊、矿洞溪等处的地貌特征。

峰林形成后，流水继续下切，直至基座被剥蚀切穿，柱体纷纷倒塌，只剩下些孤立的峰柱，即形成残林地貌。随着外动力地质作用的继续，残林将倒塌殆尽，直至消亡，最终形成新的剥蚀地貌。在武陵源泥盆系砂岩分布区的外围地带则为此类地貌类型。

　　在地球上，与武陵源石英砂岩峰林地貌类似的典型地貌主要有喀斯特石林地貌及丹霞地貌等。

　　武陵源石英砂岩峰林地貌是世界上独有的，具有相对高差大，高径比大，柱体密度大，拥有软硬相间的夹层，柱体造型奇特，植被茂盛，珍稀动植物种类繁多等特点。

　　特别是它拥有独特的而且目前保存完整的峰林形成标准模式，即平台、方山、峰墙、峰林、峰丛、残林形成的系统地貌景观，在此地区得到完美体现，至今仍保持着几乎未被扰动过的自然生态环境系统。

　　因此，无论是从科学的角度还是从美学的角度评价，张家界砂岩峰林地貌与石林地貌、丹霞地貌以及美国的丹佛地貌相比，其景观、特色更胜一筹，是世界上极其特殊的、珍贵的地质遗迹景观。

　　武陵源石英砂岩峰林地貌包含的地球演化、地质地貌形成机理、独特的自然美、典型的生态环境系统、人地协调的和谐美及丰富多彩的民族文化艺术等，成为国内外少有的教学科研基地。

　　来自我国和世界各国的专家学者，在公园从事过地学、民族学、

生物学、生态学、民俗文化学、旅游开发与管理等的研究，积累了丰富的研究资料，形成了石英砂岩峰林地貌形成机理、发育特征等一整套完整的理论体系，进一步丰富了地球科学的研究。

武陵源构造溶蚀地貌，主要出露于两叠系、三叠系碳酸盐分布地区，面积达 30.6 平方千米，可划分为五亚类，堪称湘西型岩溶景观的典型代表。

溶蚀地貌主要形态有溶纹、溶痕、溶窝、溶斗、溶沟、溶槽、石芽、埋藏石芽、石林、穿洞、洼地、石膜、漏斗、落水洞、竖井、天窗、伏流、地下河和岩溶泉等。

武陵源的溶洞主要集中在索溪峪河谷北侧及天子山东南缘，总数达数十个。以黄龙洞最为典型，被称为"洞穴学研究的宝库"。黄龙洞在洞穴学上，具有游览、探险以及科学考察方面的特殊价值。

武陵源剥蚀构造地貌分布在志留系碎屑地区，有三大类。碎屑岩中山单面山地貌，分布在石英砂岩峰林景观外围的马颈界至白虎堂，和朝天观至大尖一带。

武陵源的河谷侵蚀堆积地貌，可分为山前冲洪扇、阶地和高漫滩三大类型。山前冲洪扇类型分布于武陵源沙坪

村，发育于插旗峪至施家峪一带；阶地类型主要分布在索溪两岸，它的二级为基座阶地，高出河面 5 米左右；高漫滩类型主要分布在军地坪至喻家嘴一线，面积达 5 平方千米。

武陵源回音壁一带上泥盆系地层中的砂纹和跳鱼潭边岩画上的波痕，是不可多得的地质遗迹，不仅可供旅游参观，而且是专家学者研究地球古环境和海陆变迁的证据。分布在天子山两叠系地层中的珊瑚化石，形如龟背花纹，称为龟纹石，是雕塑各种工艺品的上好材料。

武陵源的自然景观绚烂多彩，种类齐全。峥嵘的群山，奇特的峰林，幽深的峡谷，神秘的溶洞，齐全的生态，幻变的烟云，丰富的水景，清新的空气，宜人的气候，幽雅的环境，被誉为科学的世界、艺术的世界、童话的世界和神秘的世界。

登上天子山、黄狮寨、鹞子寨、鹰窝寨等高台地，举目四顾，无论是高山之上，还是群山环抱之中，都耸立着高低参差，奇形怪状的

石峰。俯瞰千峰万壑，如万丛珊瑚出于碧海深渊，奥妙无穷。

武陵源石峰从峰体造型看，或浑厚粗犷，险峻高大，或怡秀清丽，小巧玲珑。阳刚之气与阴柔之姿并存。从整体气势上来品评，武陵源石峰符合"清、丑、顽、拙"的品石美学法则。

从峰体的色彩来看，由于石英砂岩的特殊岩质，武陵源峰体或者像潇洒倜傥的少男，或者像鲜活红润的少女，朝气蓬勃，伟岸不群。

武陵源石峰还具有奔放不羁的野性美，形态变化多端，各有其妙。有的像金鞭倚天耸立，直入云端；有的似铜墙铁壁，威武雄壮，坚不可摧；有的像宝塔倾斜，摇摇欲坠，似断实坚。

金鞭岩三面如刀劈斧削一般，棱角分明，金黄微赤岩身，拔地突起，直入霄汉，垂直高度达300余米，在阳光照射下，鞭体光彩熠熠，气势咄咄逼人。

在金鞭岩对面，又有一座垂直高度为300多米，被人叫作比萨斜塔的醉罗汉峰，它由西向东倾斜约10度左右，站在峰下仰望，顿觉风动云移，罗汉摇摇欲坠。像这样野性十足、不拘一格的奇峰怪石，在武陵源不胜枚举。

武陵源有"水八百"之称，素有"久旱不断流，久雨水碧绿"的说法。这里的溪、泉、湖、瀑、潭，门类齐全，异彩纷呈。金鞭溪连着索溪，把沿途自然风景珠玑缀成一串，构成一幅美妙的山水画卷。

鸳鸯瀑布从高达百余米的悬岩飞泻直下，远处听声，如雷隆隆，回荡峰壁；近观瀑形，好像有大小"银龙"在跳跃，形、声、色俱佳，豪情四射。

武陵源的金鞭溪、十里画廊、黑槽沟等峡谷，都是幽深奇秀、隐天蔽日的地方。这里的峡谷蜿蜒伸展，两旁树木葱茏，杂花香草点缀其中。

武陵源的地下溶洞壮美神奇，构景妖娆，妙趣横生。丰富多彩的自然景观有机地排列组合，相互衬托，交相辉映，构成虚实相济、含蓄自由的山水佳境，具有独特的审美情趣与美学价值。

景观奇美齐全的黄龙洞，是我国超级地下溶洞长洞，规模庞大，最宽处200米，最高处51米，总面积为52000平方米，被称为"洞穴

学研究宝库"。

武陵源植被繁茂，种类繁多，尤其以武陵源松生长奇特，造型奇美，耸立峰顶，其形古朴，其神邈远。

武陵源具有多姿多彩的气候景观。雨后初霁，先是缥缈大雾，继而化为白云沉浮，群峰在无边无际的云海中时隐时现，如蓬莱仙岛，玉宇琼楼，置身其间，飘飘欲仙，有时云海涨过峰顶，然后以铺天盖地之势，飞滚直泻，化为云瀑，蔚为壮观。

武陵源秀美和谐的田园风光共有7处，尤其以沙坪风光最佳。这里，索溪与百丈溪合流，田园平缓上升，直至峰峦，相互衔接，融为一体。田园之中，村宅点缀，绿树四合，翠竹依依，朝夕炊烟弥漫升腾，景致淡雅怡适。田野风光，又因四时农作物不同而变化多彩，创造出一种具有浓烈抒情氛围的田园乐章。

知识点滴

空中田园坐落在天子山庄右侧经老虎口、情人路方向2000米处的土家寨旁，海拔1000余米。

它的下面是万丈深渊的幽谷，幽谷上有高达数百米的悬崖峭壁，峭壁上端是一块有3公顷大的斜坡梯形良田。田园三方峰峦叠翠，林木参天，白云缭绕，活像一幅气势磅礴的山水画。

登上"空中田园"，清风拂袖，云雾裹身，如临仙境，使人有"青峰鸣翠鸟，高山响流泉，身在田园里，如上彩云间"之感。

古老珍贵的动植物资源

　　武陵源地区在第四纪冰川期，未被大陆冰川完全覆盖，因而成为植物在第四纪冰川期的避难所。所以古老孑遗植物得以延续下来，使之成为我国植物区系中最有代表性的自然遗产保存地之一。

　　武陵源具有多姿多彩的气候景观。其春、夏、秋、冬，阴、晴、朝、暮，气候万千。云雾是武陵源最多见的气象奇观，有云雾、云海、云瀑和云彩四种形态。雨后初霁，先是朦胧大雾，继而化为白云，缥缈沉浮。

　　每当晴天的清晨，一轮红日在朵朵红云的陪伴下，从奇山异峰中冉冉升起；傍晚，伴五彩云

霞徐徐下降，那林立的峰石，在云霞的沐浴下，更显韵姿绰约，分外迷人。而冬日雪后，那层层山峦座座石峰又是银装素裹、冰帘垂挂，其玉叶琼枝玲珑剔透，俨然童话中的水晶世界。

这种气候有利于各种动植物的生长繁殖。再加上武陵源位于我国西部高原亚区与东部丘陵平原亚区的边缘，东北接湖北神农架等地，西南联于贵州东梵净山，各地生物相互渗透。

因此，物种丰富，特别是这里地形复杂，坡陡沟深，加上气候温和，雨量丰富，森林发育茂盛，给众多物种的生存和繁衍提供了良好的环境条件。

加上这里交通不便，人口稀少，受人为干扰较少，从而保存了丰富的生物资源，成为我国众多孑遗植物和珍稀动植物集中分布地区。

据考证，千百年来武陵源从未发生过较大的气候异常、水土流失、岩体崩塌或森林病虫害等现象，证明武陵源保持了一个结构合理而又

完整的生态系统，具有极其重要的科研价值。

武陵源是生物宝库，具有完整的生态系统和众多的野生珍稀动植物物种资源，植被覆盖率达到 97%，保存了长江流域古代孑遗植物群落的原始风貌，有高达 30 多米、胸径近两米的古老银杏树，被称为自然遗产中的活化石。

还有伯乐树、香果树等树种，区内植物垂直带谱明显，群落结构完整，生态系统平衡，属中国至日本植物区系的华中植物区，是该植物区核心地带，蕴藏着众多的古老珍贵植物和我国特有植物资源。

这里森林覆盖率达 88%。高等植物有 3000 余种，其中木本植物有 700 多种。首批列入《中国珍稀濒危保护植物名录》的重点保护植物有 35 种。在众多的植物中，武陵松分布最广，数量最多，形态最奇。

武陵源古木是自然遗产中的活文物，这里的古树名木具有古、大、珍、奇、多的特点。神堂湾、黑枞脑保存有完好的原始森林。

生长于鹞子寨的珙桐，是国家一级保护珍贵树木。这些植物种质资源，有着极高的科研价值，它们的生存环境、林相结构及其保护、保存等都是重大的研究课题。

由于自然条件差异大，这里植物的垂直分带明显，群落完整，生态稳定平衡，为野生动物提供了良好的栖息环境。

武陵源在动物地理分布上属于东洋界华中区，这里森林茂密，给动物的生活、繁衍创造了良好的环境条件。经初步调查，这里的陆生脊椎动物共有50科116种。其中，属于《国家重点保护动物名单》中的一级保护动物3种，二级保护动物10种，三级保护动物17种。

武陵源动物世界中，较多的是猕猴，据初步观察统计为300只以上。当地人叫作娃娃鱼的大鲵，则遍见于溪流、泉、潭中。

知识点滴

武陵松于1988年由中南林业科技大学植物分类专家祁承经教授发现并命名。它与马尾松的区别在于树形较矮小，针叶短而粗硬，果球种子较原种小。喜生于悬崖绝壁或山顶之上。

武陵松是张家界国家森林公园所特有的一个树种，因身材矮小、耐旱生长在武陵山脉一带而得名。三千奇峰只要有缝隙的地方就生长有武陵松，它因奇峰而挺拔、傲立，三千奇峰又因武陵松而英俊，充满灵气。有"武陵源里三千峰，峰有十万八千松"之誉。

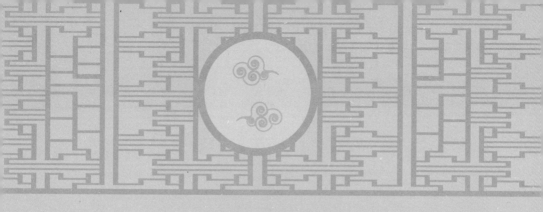

珍贵的自然遗产价值

　　武陵源在区域构造体系中，处于新华夏第三隆起带。在漫长的地质历史时期内，大致经历了武陵—雪峰、印支、燕山、喜马拉雅山及新构造运动。武陵—雪峰运动奠定了本区基底构造。

　　印支运动塑造了基本构造地貌格架，而喜马拉雅山及新构造运动是形成武陵源奇特的石英砂岩峰林地貌景观的内在因素之一。

　　基于上述因素，加之在区域新构造运动的间歇抬升、倾斜，流水

侵蚀切割、重力作用、物理风化作用、生物化学及根劈等多种外营力的作用下，山体则按复杂的自然演化过程形成石英砂岩峰林，显示出高峻、顶平、壁陡等特点。

武陵源构造溶蚀地貌，主要出露于二叠系、三叠系碳酸盐分布地区，面积达30.6平方千米，可划分为五亚类，堪称"湘西型"岩溶景观的典型代表。

主要形态有溶纹、溶痕、溶窝、溶斗、溶沟、溶槽、石芽、埋藏石芽、石林、穿洞、洼地、石膜、漏斗、落水洞、竖井、天窗、地下河、岩溶泉等。溶洞主要集中于索溪峪河谷北侧及天子山东南缘，总数达数十个。

剥蚀构造地貌分布于志留系碎屑地区，碎屑岩中山单面山地貌，分布于石英砂岩峰林景观外围的马颈界至白虎堂和朝天观至大尖一带。

河谷地貌可分为山前冲洪扇、阶地和高漫滩。前者分布于沙坪村，发育于插旗峪—施家峪峪口一带；索溪两岸发育两级阶地，二级为基座阶地，高出河面3米至10米；军地坪—喻家嘴一线高漫滩发育，面积达四五平方千米。

武陵源回音壁上泥盆系地层中砂纹和跳鱼潭边岩画上的波痕，是不可多得的地质遗迹，不仅可供参观，而且是研究古环境和海陆变迁的证据。分布在天子山二叠系地层中的珊瑚化石，形如龟背花纹，故称"龟纹石"。

武陵源的地质地貌具有突出的价值。构成砂岩峰林地貌的地层主要由远古生界中、上泥盆统云台观组和黄家墩组构成，地层显示滨海相碎屑岩类特点。

岩石质纯、层厚，底状平缓，垂直节理发育，岩石出露于向斜轮廓，反映出砂岩峰林地貌景观形成的特殊地质构造环境和基本条件。

而外力地质活动作用的流水侵蚀和重力崩坍及其生物的生化作用和物理风化作用，则是塑造武陵源地貌景观必不可少的外部条件。因此，它的形成是在特定的地质环境中由于内外的地质重力长期相互作用的结果。

武陵源具有奇特多姿的地貌景观。武陵源共有石峰3103座，峰林造型若人、若神、若仙、若禽、若兽、若物，变化万千。

武陵源石英砂岩峰林地貌的特点是：质纯、石厚，石英含量为75%至95%，岩层厚520余米。具间层状层组结构，即厚层石英砂岩夹薄层、极薄层云母粉砂岩或页岩，这一层组结构有利于自然造型雕塑，增强形象感。

岩层裸露于向斜轮廓产状平缓，岩层垂直节理发育，显示等距性特点，间距一般15米至20余米，为塑造千姿百态的峰林地貌形态和幽深峡谷提供了条件。

武陵源具有完整的生态系统。武陵源位于西部高原亚区与东部丘陵平原亚区的边缘，东北接湖北，西部直达神农架等地，西南联于黔东梵净山。各地生物相互渗透。

武陵源多姿多态的溪、泉、湖、瀑，其质纯净，其味甘醇清新，给人以悦目畅神之感。武陵源的云涛雾海，神秘莫测，千变万化，时而蒸腾弥漫，时而流泻跌落，时而铺展凝聚，时而舒卷飘逸。

武陵源具有一定的观赏价值。武陵源的景体宏大，自然景观绚烂多彩。群山之峥嵘，峰林之奇特，峡谷之幽深，溶洞之神奥，生态之齐全，烟云之幻变，水景之丰富，空气之清新，气候之宜人，环境之幽雅等自然特色，被誉为"科学的世界，艺术的世界，童话的世界，神秘的世界，奇特的峰林，磅礴的气势"。

石英砂岩峰林奇观是武陵源奇绝超群、蔚为壮观的胜景，具有不可比拟性、不可替代性、不可分割性，堪称大自然中最为杰出的作品。武陵源峰林在世界峰林"家族"中是独一无二的。

武陵源石峰造型奇特。从峰体造型看，阳刚之气与阴柔之姿并具，从整体气势上符合"清、丑、顽、拙"的品石美学法则，给人以赏心悦目之感。

再从峰体的色彩来看，由于石英砂岩的特殊岩质，使其峰体色彩既无苍白之容，也无暮年之态，似潇洒倜傥鲜活红润的少男少女，朝气勃勃，魅力无穷。武陵源石峰具有奔放不羁的野性美，各臻其妙。

武陵源的水景多姿多彩。以"久旱不断流，久雨水碧绿"为特色。溪、泉、湖、瀑、潭齐全，纷呈异彩。金鞭溪衔连索溪，把沿途自然风景的"珠玑"缀成一串，构成美妙的山水画卷，并给人以动态美感。

武陵源的武陵松苍劲神异："峰顶站着松，峰壁挂着松，峰隙含着松，松枝摇曳三千峰"，写出了武陵松苍郁枝虬，刚毅挺拔，姿态秀美的特征，它不畏烈日暴雨、雷电击打、冰雪严寒，以裸露的钢爪般的顽根紧抓峰隙，给武陵源奇峰着绿披翠，给人以力量和勇气。

武陵源的云海变幻神诡。雨过初霁，雪后日出，登高远瞻，时而云腾烟涌，峰峦沉浮；时而回旋聚拢，白"浪"排空；时而茫茫一片，铺天盖地；时而化为云瀑，泻落峡谷；时而徐徐抖散，挂壁练峰。

由峰林形成的峰海和由松林形成的林海，飘浮在烟云形成的云海里，形成动中有静，静中有动，动静结合的美丽画面。

武陵源从美的形态组合来看，既有雄奇、幽峭、劲捷、崇高、浑厚的阳刚之美，又有清远、飘逸、冲淡、瑰丽、隽永的阴柔之美。武陵源的山与水，峰与雾，峰与松，无不体现出既对立又统一的形式美。

形态美与意境美交相生辉。武陵源的奇峰怪石、溪、泉、湖、瀑、幽峡、奥洞以及树木花草等自然景物的形态结构方式，无不符合美的形式法则，因而能够赋予人的气质、情感和理想，使人

心旷神怡，形成美好意境。

登高看到石峰林立、山峦绵延的奇观，使人感到眼界阔大，心胸宽广，倍感人生美满、幸福，更加激励奋发信念。在金鞭溪幽峪里，又会使人产生宁静淡泊的雅趣。

自然美与艺术美珠联璧合。武陵源塑造了千变万化的风景空间，它们有着不同的形式和个性，不同个性的欣赏空间构成了色彩斑斓的风景特色。

千姿百态的自然景物，具有时空艺术美，同时它又融进了社会艺术美，如富有浓郁生活气息的概括命名，广为流传的神话历史故事等。这种化景物为情趣的结果是审美的再创造，是自然美与艺术美的高度和谐统一。

大自然鬼斧神工与精雕细琢，将这里变成今天这般神姿仙态。有原始生态体系的砂岩、峰林、峡谷地貌，构成了溪水潺潺、奇峰耸立、怪石峥嵘的独特自然景观。武陵源独特的石英砂岩峰林为国内外罕见，成为它奇绝超群的胜景。

有名可数的就有黄龙洞、观音洞、龟栖洞、飞云洞、金螺洞等，"冰凌钟声""龙宫起舞"都是黄龙洞的精华所在。

武陵源集"山峻、峰奇、水秀、峡幽、洞美"于一体，岩峰千姿百态，耸立在沟壑深幽之中。溪流蜿蜒曲折，穿行于石林峡谷之间。

这里有甲天下的御笔峰，别有洞天的宝峰湖，有"洞中乾坤大，地下别有天"的黄龙洞，还有高耸入云的金鞭岩。无论是在黄狮寨览胜、金鞭溪探幽，还是在神堂湾历险、十里画廊拾趣，或是在西海观云、砂刀沟赏景，都令人有美不胜收的陶醉，发出如诗如画的赞叹。

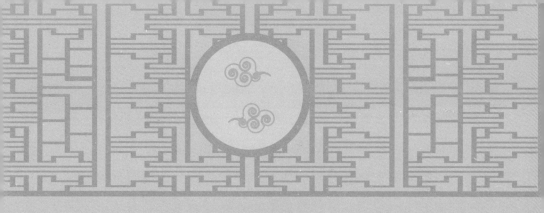

民族融合的风土人情

　　数千年来，武陵源地域的土家族、藏族、苗族等少数民族人民生活于特殊的砂岩峰林及溶洞发育区，峰林及溶洞生活环境已融入当地人生活的方方面面，形成了多姿多彩的民族文化与习俗。

　　土家人把建新屋作为繁衍子孙的根基，因而看得十分神圣。建屋前，要请风水先生选好依山傍水、背风向阳的地方作为屋场。

　　所谓梁，是指堂屋脊横梁。在武陵源当地的土家族，选择梁木有个古怪的规矩：屋主必须偷偷在大山中寻找分岔成两根的标直大树，不问树的主人是谁，尽管偷偷砍下，锯成两根，同时从山上滚下，谁头在前，尾在后，无伤无疤的，就选哪一根。这种风俗叫"偷梁木"。

　　土家寨有俗规，偷梁木不算"偷"。梁木一旦偷砍下地，就要鸣放鞭炮，还要在上面搭红布，然后热热闹闹请8个后生抬回家，一路招摇过市，似乎"偷"得很光彩，树主不仅不追究，反过来还要表示祝贺。因为这是吉利与友谊的表示，就好比为人家子孙根基做了重大贡献似的荣耀。

　　上梁前，木匠师傅要在梁木正中画太极图，左右书"美轮美奂，金玉满堂"或"帝道遐昌，五谷丰登"之类的对联。

上梁时，主人请两名歌师或掌墨师赞梁。赞梁有一定的曲调，较单调，实际上是一种韵白表演形式。待梁木在屋顶上架好后，赞梁者便攀梯而上，一人提酒壶，一人端茶盘，茶盘内放着筷子、酒杯、腊肉、糯米、糍粑。

赞梁者攀上屋脊梁木时，两人各坐在梁木的一端，边饮酒，边通过互问互答，用长篇的赞词，赞扬主东的屋，像仙境琼楼，必发子发孙，福寿绵长。

赞梁后，向下抛梁粑粑。先把两个象征富贵的大粑粑拿在手。问下面的屋主："要富还是要贵？"

主人答道："富贵都要！"

两个粑粑抛下时，主人家接在怀中。然后将小粑粑抛下。这时屋场上人如潮涌，争抢粑粑，热闹非凡。抛过粑粑后，亲友们将一段段五颜六色的布料搭在梁上，叫"搭梁"。这时，鞭炮震耳，赞梁者又一步一赞，下到地面。就这样，一栋新屋在喜气洋洋的热烈气氛中立起来了。

到了武陵源，都想看看土家吊脚楼。由于历代朝廷对土家族实行屯兵镇压政策，把土家人赶进了深山老林，致使他们的生存条件十分恶劣。武陵源当地少田少地，土家人只好在悬崖陡坡上修建吊脚楼。

土家吊脚楼多为木质结构，早先土司王严禁土民盖瓦，只许盖杉皮、茅草，叫"只许买马，不准盖瓦"。直至1735年后才兴盖瓦。

土家吊脚楼一般为横排四扇三间，三柱六骑或五柱六骑，中间为堂屋，供历代祖先神龛，是家族祭祀的核心。根据地形，楼分半截吊、半边吊、双手推车两翼吊、吊钥匙头、曲尺吊、临水吊、跨峡过洞吊，富足人家雕梁画栋，檐角高翘，石级盘绕，大有空中楼阁的诗画之意境。

武陵源土家族摘苞谷、粟谷则用高背篓，它口径特大，直径达两尺多，腰细，底部呈方形，高过头顶。砍柴、扯猪草则用柴背篓，它

篾粗肚大，经得住摔打。背篓，在山里人看来，一如沙漠之骆驼，江河里的舟船。域外人称"背篓上的湘西"，足见背篓在武陵源土家族人生活中的地位。

西兰卡普是土家族当地的土语，西兰是人名，卡普是她织的花布。相传，西兰是土家山寨最漂亮最聪明的姑娘，她把山里的百花都绣完了，就没见着半夜开花半夜谢的白果花。

为了绣出白果花，她独自半夜爬上高高的白果树与白果花儿对话，不料被又丑又坏的嫂嫂发现了，哥哥听信嫂嫂谗言，用板斧砍断了白果树，西兰摔死了，她的绣花艺术却被土家人传下来。

西兰卡普以红、蓝、黑、白、黄、紫等丝线作为经纬，通过手织，再用机械挑打交织而成。主要用作被面、床罩、窗帘、桌布、椅垫、包袱、艺术壁挂、锦袋等，色彩对比强烈，图案朴素而富于夸张，写实与抽象结合，极富生活气息。

西兰卡普的图案有以土家历史为题材的；有以生活风俗为题材的，如双凤朝阳、龙凤呈祥、麒麟送子、福禄寿喜、鲤跃龙门、五子登科、鸳鸯戏水、野鹿含梅、老鼠娶亲等；有以自然风光为题材的，如张家界风光、土家吊脚楼等。

土家织锦工艺独特，造型美观，内容丰富，专家称它是足可与湘绣齐名的民间艺术。土家山寨把挑花绣朵作为衡量一个土家姑娘是否心灵手巧的标志。

茅古斯舞是土家族最为原始的古典舞蹈。相传茅古斯是茹毛饮血时代土家族的先民，意思是长毛的人，后来把他们所创造的舞蹈也叫茅古斯。

茅古斯主要表现他们祖先开拓荒野、刀耕火种、捕鱼狩猎等创世业绩，于逢年过节跳摆手舞之前进行。表演过程中，由一人扮演老茅古斯，另有若干女茅古斯和小茅古斯。除女茅古斯外，全部赤裸上身，头上扎 5 根大草辫，身穿稻草衣；男茅古斯腰上捆一根用草扎成的"粗

鲁棒"，象征男性生殖器，有生殖崇拜的遗风。茅古斯舞一般要跳6个晚上，其动作原始粗犷，滑稽有趣，是中国古典民族舞蹈的宝贵遗产。

武陵源的藏族民居都非常讲究，新居尚未建成，房主人就请来画师，在墙壁、门框、房梁上画个不停。他们将各式各样的保护神画在墙壁上，以保佑他们全家平安。

在他们家里，户户都有经轮、佛龛。每天清晨，当家女主人起床后的第一件事就是：洗脸洗手之后，为佛祖敬香，将经轮摇转，祝家人在生生死死的轮回中永远吉祥。

武陵源的苗族在建筑选材和房屋构建方面形成了自己特有的建筑风格。苗家人喜欢木质建筑，一般为三层构建，第一层一般为了解决斜坡地势不平的问题，所以一般为半边屋，堆放杂物或者圈养牲畜，第二层为正房，第三层为粮仓，有的人家专门在第三层设置"美人靠"供青年姑娘瞭望及展示美丽，以便和苗家阿哥建立关系。

武陵源地区木材较多，所以当地苗民木板房、瓦房和草房、土墙房兼有。此外，不少苗族搭"杈杈房"居住，屋内不分间，无家具陈设，垫草作席，扎草墩为凳。

在武陵源地区，苗族还有一种比较特殊的房屋形式，叫"吊脚楼"。建在斜坡之上，把地基削成一个"厂"字形的土台，土台之下用长木柱支撑，按土台高度取其段装上穿枋和横梁，与土台取平，横梁上垫上楼板，作为房屋的前厅，其下作为猪牛圈，或存放杂物。

长柱的前厅上面，又用穿枋与台上的主房相连，构成主房的一部分。台上主房又分两层：第一层住人，上层装杂物。屋顶盖瓦，屋壁用木板或砖石装修。这类房屋台上台下浑然一体，非常美观。

知识点滴

湘西武陵源一带，古时候称作大庸。大庸古有"硬气功之乡"的美誉。20世纪80年代初，硬气功大师赵继书出访西欧七国，他精湛的硬气功表演倾倒了数百万观众，大庸硬气功从此誉满西欧。

据传，春秋战国时期著名纵横家鬼谷子曾经隐居武陵源的天门山鬼谷洞学习《易经》，创造出不同于我国武林界其他派别的硬气功，民间称为鬼谷神功。

鬼谷神功的表演节目主要有腹卧钢叉、钉刀床破石、头顶打砖、双凤灌耳、汽车碾身、红煞掌等最为惊险叫绝。